잘먹고 잘사는 법

과실주

잘먹고 잘사는 법 **과실주**

저자_ 김미영
기획_ comma' n dot

1판 1쇄 인쇄_ 2006. 2. 3
1판 3쇄 발행_ 2010. 6. 27

발행처_ 김영사
발행인_ 박은주

등록번호_ 제406-2003-036호
등록일자_ 1979. 5. 17

경기도 파주시 교하읍 문발리 출판단지 515-1 우편번호 413-756
마케팅부 031)955-3100, 편집부 031)955-3250, 팩시밀리 031)955-3111

값은 표지에 있습니다.
ISBN 978-89-349-2112-7   14590
       978-89-349-1604-8(세트)

독자의견 전화_ 031)955-3104
홈페이지_ http://www.gimmyoung.com
이메일_ bestbook@gimmyoung.com

좋은 독자가 좋은 책을 만듭니다.
김영사는 독자 여러분의 의견에 항상 귀 기울이고 있습니다.

fruit wine

잘먹고 잘사는 법

과실주

080

김영사

김영사 〈잘먹고 잘사는 법〉 시리즈

잘먹고 잘살기 위한
웰빙 문화의 모든 것!

한국인에게 꼭 맞는 국내 최초 종합 실용 시리즈!
시리즈의 모든 내용은 국내 필자가 직접 발로 뛰며 기록한 것이다. 지금 이 시대를 살아가는 사람들의 관심사를 생생하게 조명한 우리 손으로 만든 최초의 종합 실용 시리즈이다.

한번뿐인 인생, 멋지게 살자!
보는 눈이 달라진다. 삶의 질이 올라간다. 건강한 삶, 행복한 삶을 꿈꾸는 나만의 생활 철학. 애완견 기르기에서 마라톤까지, 전원주택 꾸미기에서 아파트 인테리어까지 내가 꿈꾸는 라이프스타일의 모든 것!

101가지 항목으로 정리한 내가 꼭 알아야 할 전문 지식!
모든 것이 급변하는 세계화시대, 현대인이 꼭 알아야 할 모든 지식을 101가지 이야기로 구성했다. 101가지의 궁금증을 따라가다 보면 나도 어느새 웰빙 문화 전문가로 변신한다.

이보다 더 실용적일 순 없다!
나에게 맞는 라이프스타일을 찾을 수 있는 가장 간편한 책! 실생활에서 당장 유용하게 써먹을 수 있는 방법과 정보만을 콕 집어 알려준다.

기획 기간 5년, 편집 기간 3년

▶건강
세계화시대 지구인들이 선호하는 최신 스타일의 건강 비법만을 모아 명쾌하게 정리했다. 건강하게 장수하기 위한 나만의 건강세! 내 몸에 맞는 건강 철학을 찾는다.

▶취미
동물과 행복하게 지내는 재미난 방법에서부터 특색 있는 취미 찾기까지, 즐거운 일상생활을 위한 모든 정보를 모았다. 나만의 개성 있는 취미를 찾기 위한 가장 간편한 책!

▶리빙
좀더 편하고 좀더 세련되게 내 삶을 연출하는 방법. 삶의 수준을 한단계 높여주는 지혜와 정보, 나만의 개성 넘치는 생활공간 꾸미기의 모든 것이 펼쳐진다!

그 어떤 것도 내 인생보다 값진 것은 없다! 건강, 취미, 운동,
리빙 등 잘고 잘살기 위해 필요한 모든 문화 트렌드를 담았다.
나만의 안정된 삶을 꿈꿀 수 있도록 도와주는 최상의 가이드북.

올컬러로 구성된 고품격 디자인!
100여 컷의 생생한 사진과 일러스트! 컬러 감각이 톡톡 살아나는 아트
지! 한눈에 책 전체를 조망할 수 있도록 꾸며진 세련된 본문 편집이 내가
찾던 스타일 감각과 딱 맞아떨어진다.

핸드백 속에 쏘옥, 장바구니 속에 쏘옥!
언제 어디에서든 부담 없이 읽을 수 있는 핸드북 스타일의 예쁜 판형. 이
젠 부엌에서, 지하철에서, 슈퍼마켓에서, 공원에서, 차안에서 언제 어디
서든 쉽고, 편하게 꺼내 읽을 수 있다.

가격 파괴! 한 권에 5,900원!
독자의 눈높이에 맞춘 합리적인 가격! 그러나 내용은 웬만한 단행본 10
권 값! 아무리 다른 책을 찾아봐도 알 수 없던 내용, 이젠 알찬 가격의 책
으로 손쉽게 찾는다.

내가 꿈꾸는 라이프스타일, 이 한 권이면 충분하다!
작은 책 한 권에 백과사전보다 더 많은 정보가 담겨 있다니! 이 한 권이면
내가 꼭 알아야 할 실용적인 정보와 지식을 한꺼번에 얻을 수 있다.

마침내 태어난 신개념 실용서

▶여성
이 땅에서 아름답고 현명한 여성으
로 살아가기 위한 최상의 선택! 이젠
나만의 일, 나만의 라이프스타일을
포기하지 않고 더 쉽고 더 지혜롭게
내 삶을 꾸민다.

▶여행
한라에서 서울까지 우리나라 최고
여행지는 다 모였다. 여기에 세계 여
행과 테마 여행까지! 지금까지 그
어디에서도 찾아볼 수 없었던 나만
의 맞춤 여행법을 제시한다.

▶음식
한국인의 밥상에 올라오는 기본 음
식과 우리에게 친숙한 다른 나라 음
식을 소재별로 정리했다. 전문가들
이 자신 있게 추천하는 요리법을 통
해 나도 이젠 멋진 요리사가 된다.

과실주

웰빙라이프의 화룡점정, 홈메이드 과실주

어릴 적으로 시간을 되돌려 보자. 황금 빛 인삼주며 빨간 석류주가 그득 담긴 커다란 통이 할머니의 시골집 마루, 가장 잘 보이는 곳에 마치 신주단지처럼 고이 모셔져 있었다. 바라보는 것만으로도 침이 고이는 색색의 고운 빛깔을 빛내는 그것은 한 줌 공기도 접하지 않은 신성한 존재 같았고, 할머니는 꼭꼭 숨겨두었던 쌈짓돈을 주섬주섬 쥐어주 듯 술잔이 넘칠 정도로 가득 따라 아버 지에게 건넸다. 한 방울이라도 흘릴세 라 쭉 들이키셨던 아버지의 모습은 정 겹고 풍류 넘치는 우리네 고향의 풍경 이었다.

시골에서나 마시는 촌스럽고 볼품없는 음료로만 생각했던 과실주가 인간보다 먼저 태어난 태초의 술이라는 사실은 놀랍다. 지천에 널려있는 과일과 약초, 꽃은 가족의 건강을 지켜주고 입맛을 돋워주는 술로 다시 태어났다. 그리고 웰빙 푸드가 이 시대의 화두가 되면서 몸에 좋은 자연의 산물을 이용하여 직접 술을 담그는 홈 브루|Home Brew|에 대한 관심도 높아지고 있다. '나만의 것'에 대한 강한 욕구는 그 사회에 대한 경제적 품요도를 보여주는 한 단면이다. 홈메이드 과실주의 선호도가 높아진 것 역시 이러한 관점에서 일맥상통한다. 아파서 당장 치료를 필요로 하는 사람은 약과 주사가 꼭 필요하지만, 건강한 사람은 병을 예방하거나 더 건강해지고자 하기 때문이다. 이제 과실주는 어느 집에나 몇 가지씩 갖추어 두고 음료처럼, 상비약처럼 아껴 마시는 웰빙 푸드의 대표주자로 자리매김했다.

과실주의 제 맛을 즐기기 위해서는 과일을 까다롭게 골라 준비하고, 정성을 담아 만들고, 최소한 3개월 이상을 기다려야 하는 다소 번거로운 과정을 거쳐야 한다. 하지만 독특한 과실주의 맛과 향, 그리고 술 한 모금이 목을 타고 넘어가는 순간의 희열은 충분히 매력적이다. 과실주의 즐거운 유혹에 슬쩍 발을 담가보자.

c o n t e n t s

과실주

fruit wine

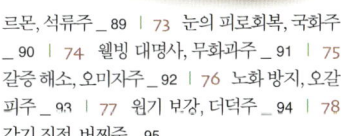

fruit wine

part 1

술의 역사와 건강

1

쓴맛의 과일 액체는 오랜 세월 동안 인간의 역사에 놀랄 만한 영향을 미치는 '술'로 거듭났다.
영겁의 세월이 흐른 지금까지 우리의 생활에 깊숙이 자리 잡은 술의 역사, 그리고 다양한 문화
속의 술에 대한 호기심에 문을 두드린다.

O1 술의 유래

지구상에 언제부터 어떻게 술이
만들어졌을까? 술의 유래에 대해
학술적으로 밝혀진 정확한 기록은
없다. 인류가 지구상에 존재하기
훨씬 이전부터 자연 발생적으로
존재했다는 견해가 가장 유력하
다. 원시림의 당분이 함유된 과일

● 주카렐리의 〈디오니소스의 축제〉

이 익어 나무 밑 조그만 웅덩이로 떨어져 과즙이 괴었고, 여기에 나뭇잎이 덮이
면서 자연적으로 효모가 번식하고 발효가 진행되었다는 것. 이처럼 최초로 술이
생겨나게 된 기원은 특별한 기술 없이, 보관하는 도중에 자연적으로 발효되어 알
코올 성분이 만들어진 과실주로 볼 수 있다

　　　　술의 기원에 대해 추측할 수 있는 솔깃한 근거는 동서양의 전설과 신화
속에 술 이야기가 줄줄이 등장한다는 사실이다. 이집트 신화는 풍요의 여신 이시
스|Isis|의 남편인 오시리스|Osiris|가 곡물의 신에게 보리로 맥주 만드는 방법을 가
르쳤다고 한다. 또한 그리스 신화에는 술의 신 디오니소스|Dionysos|가 산에서 뛰
어놀다 우연히 포도주를 발견하여 이것을 그리스로 가져와 이카리오스|Ikarios|라
는 사람에게 포도주 담그는 법을 가르쳐 주었다고 쓰여 있다. 로마 신화에서는
바커스|Bacchus|를 술의 신으로 묘사하고 있으며, 구약성서에는 노아|Noah|가 대홍
수를 피해 거대한 방주를 타고 아라랏 산에 도착한 후 그곳에 포도나무를 심고
포도주를 만들어 마셨다고 기록되어 있다.

　　　　중국에서는 하|夏|나라의 시조인 우|禹|임금의 딸 의적|儀狄|이 처음으로
곡주를 빚었다고 전해져 온다. 일본에서는 커다란 구렁이를 퇴치할 때 먼저 구렁
이에게 여덟 개의 항아리에 담긴 술을 먹여 취하게 한 다음 칼로 퇴치했다고 한

다. 그것이 최초의 술이며 과실주였을 것이라는 전설이다. 우리나라의 경우, 술이 처음 언급된 문헌은 〈제왕운기〉다. 하백|河伯|의 딸 유화|柳花|가 해모수|解慕漱|의 꾀에 속아 술에 만취된 후 해모수의 아이를 잉태하였는데, 그가 고구려를 건국한 주몽|朱蒙|이라는 이야기다.

02 인류의 첫 번째 술, 과실주

영리한 인간은 놀라운 자연의 순리를 '술'이라는 신비의 음료로 발전시켰다. 인간이 문자를 사용하기 이전의 유적에서 술 빚는 항아리가 발견되었으며, 문자로 기록된 고서 중 술의 유래와 역사에 대해 기록된 전설과 신화가 많다. 이는 인류가 술을 얼마나 가까이 했는지에 대한 증거다. 메소포타미아 문명의 발상지인 티그리스 강 유역의 고대 슈메르 인 유적지에서 발견된 B. C. 4,500년경의 점토판에는 사람들이 포도주를 양조한 기록이 나타나있으며, 이를 근거로 고고학자들은 B. C. 6,000년경부터 와인이 제조되었다고 보고 있다. 다시 말해 고대 인류의 첫 번째 술은 포도주 등 당이 풍부한 과일을 이용한 술이라는 구체적인 이론이 성립된 셈이다.

농경시대에 접어들면서 인류는 곡물을 이용해 술을 만들게 되었다. 그 시기는 B. C. 4,000년경으로 추정되며, 이는 양조기술 발달사에 획기적인 전기가 된다. 곡물로 술을 빚기 위해서는 전분을 분해하여 당화하는 과정이 필요한데, 당화 기술을 발견하기까지 2,000년이나 소요된 것이다. 술의 발달은 양조주를 가열하여 먼저 증발하는 알코올 성분을 응축하는 증류 기술의 개발로 또 하나의 전기를 마련하게 된다. 12세기 십자군 운동에 참여했던 수사들은 알코올 증류 기술을 터득하여 본국인 프랑스로 돌아간 뒤 와인을 증류하여 브랜디를 만들었다. 또한 스코틀랜드와 아일랜드로 돌아간 사람들은 위스키를 만들었다. 비슷한 시기에 실크로드를 타고 중국과 한국으로 증류 기술이 전파되었다.

03 신과 가까운 음식, 술

술은 신성함과 생명력을 상징하며, 지상에서 나는 가장 고양된 음식이다. 종교양식과 제사양식은 신에게 술을 바치는 인간의 의식이다. 이처럼 술은 역사적으로 종교의식과 깊이 연관되고, 신에게 바치는, 신과 가장 가까운 음식으로 불린다. 그리스도는 최후의 만찬에서 빵과 포도주로 축복을 내렸다. 여기서 포도수는 그리스도의 피를 상징하고, 신

과 사람을 잇는 매개 역할을 한다. 포도는 잡초도 제대로 자라지 못하는 거친 땅에서 뿌리를 내리고 열매를 맺는다. 포도주로 유명한 프랑스의 보르도나 보졸레도 과거 척박한 땅이었다. 열악한 환경에서 자란 포도로 만들어 낸 포도주는 사람의 피 색깔과 비슷하다. 이처럼 포도주는 역경을 이겨내는 근성과 끈질긴 생명력 등 인간과 일맥상통하는 면이 있어 더욱 그 가치를 높게 평가받는 것이다.

게르만의 한 부족인 알레마니|Allemanni| 족은 사제의 감독 하에 술을 빚었으며, 마시기 전에 반드시 신에게 감사의 기도를 올렸다. 또 바이킹들은 맥주를 엄청나게 많이 마셨는데, 전사들의 영혼은 벨핼라|Velhalla|에서 열리는 오딘|Odin| 신의 성대한 향연에 초대되어 신의 시녀들에게 시중을 받으며 밤마다 풍성한 에일|Ale| 맥주를 즐기게 된다고 믿었다.

반면, 술은 야누스의 얼굴처럼 양면성을 지니고 있다. 바티칸 궁 시스티나 대성당의 천장에 그려진 미켈란젤로의 프레스코화 속에는 포도주에 취해 벌거벗은 채로 큰 술통 옆에 쓰러져 있는 노아의 모습이 담겨있다. 이는 구약성서가 전하는 인류 최초의 만취인 셈이다. 포도 농사를 짓던 노아가 분수를 잃고 사탄의 꾐에 빠져 양과 사자, 원숭이, 돼지를 잡아 그 피를 포도나무에 뿌렸다는 내용을 희화함으로써 과도한 음주에 대한 경종을 그림에 담았다.

04 세계의 음주 문화

술은 오래 전부터 인류가 공통으로 즐기는 음식이다. 세계 각지의 문화가 다양하듯 음주 문화 또한 천지차이다. 술 마시는 방법과 절차 등 술을 즐기는 방법으로 문화권을 나눠보자면 크게 독작 문화, 대작 문화, 수작 문화로 분류할 수 있다.

독작|獨酌|은 서양인 중 구미인들의 문화로, 술의 분량이나 마시는 속도를 자신의 마음대로 조절할 수 있는 주체적인 음주법이다. 술잔을 서로 교환할 필요도 없다. 상대방이 좋아하는 종류의 술을 선택하여 그가 원하는 양만큼 잔을 채워 대접하고, 술을 받은 사람은 자신의 양과 시간을 조절하여 마신다. 대작|對酌|은 각자 술을 따라 건배를 하거나 같이 마시는 절차를 거치지만, 마시는 양은 스스로 조절하는 자의반 타의반의 음주 문화다. 마시기 전에 건배하는 음전대작|飮前對酌|은 주로 러시아 사람들이 즐긴다. 반면 마신 후에 건배하는 음후대작|飮後對酌|은 중국인들이 즐겨온 문화다. 중국 사람들은 잔을 들고 자기 양대로 조절하여 마시고 건배할 경우는 잔을 같이 비우기도 한다.

수작酬酢은 마시는 사람끼리 술잔을 주고받거나 술잔을 돌려 마시는 음주 문화로 술 마시는 양이나 시간을 자의로 조절할 수 없다. 우리나라처럼 여럿이 둘러앉아 잔을 돌려 마시는 것도 대표적인 수작 문화의 한 양식이며 일본 역시 타의성이 강한 수작 문화권에 속한다.

05 건배의 기원

여러 사람과 기분 좋게 술을 마실 때 약방의 감초처럼 빠지지 않는 권주사. 그 기원은 3가지로 알려져 있다. 첫 번째는 덴마크가 영국의 여러 섬을 점령했을 때 시작했다는 설이다. 정복 당한 섬사람들은 덴마크 군인의 허락 없이는 술을 마실 수 없었다. 덴마크 군인들이 '건강을 위하여'라는 권주사로 술잔을 높이 들 때까지 기다려야 했다고 한다.

두 번째 설은 영국의 음주 풍습에서 나타난다. 영국의 엘리자베스 여왕 시대에는 토스트 빵을 벌꿀 술잔에 넣어서 마시는 풍습이 있었고, 여흥이 익어갈 무렵이면 재미있는 게임이 벌어졌다. 누군가 '토스트Toast!'라고 외치며 도전을 하면 술을 마시는 사람은 토스트가 미끄러져 따라 내려오도록 술을 마셔야 했다. 그 이후로 영국에서는 '토스트Toast!'라는 말이 권주사가 되었다.

권주사의 기원에 대한 세 번째 설은 찰스 2세가 통치하던 영국의 바시스시에서 시작되었다는 것. 어느 미인이 온천 욕탕에 몸을 담그고 있었는데, 다른 사람이 욕탕에서 물을 한 잔 떠서 마시며 미인의 건강을 빌었다. 또 다른 한 사람은 '술은 좋아하지 않으나 토스트가 갖고 싶다'고 했다. 여기서 토스트란 바로 그 미인을 두고 한 말이라고.

06 약이 되는 술 vs 독이 되는 술

적당한 양의 음주는 백약의 으뜸이라고 일컬을 정도로 술은 우리 몸에 유익하다. 물론 그 적당한 양은 개인의 체격이나 체질, 컨디션 등에 달라 천차만별이지만 알코올 양만으로 따졌을 때는 30g 내외, 맥주로는 큰 병으로 2병 이내다. 이 범위 내에서 술을 마시면 알코올이 갖고 있는 유익한 HDL 콜레스테롤의 수치를 높이는 작용을 하고, 스트레스 발산, 숙면 등의 효과를 볼 수 있다. 또한 소화를 촉진시키고, 신진대사를 원활하게 해주며, 심장병을 예방하는 등 건강에 도움이 된다. 뿐만 아니라 인간관계도 원만해지고 삶의 활력소가 된다.

하지만 술은 도를 지나치면 인간에게 던져진 악마의 선물이 되기도 한다. 술을 마실 때 문제를 유발하는 것은 알코올 성분. 알코올은 식물 자체에 존재하는 당의 효모에 의해 발효되어 만들어지며, 소주 1병에 약 50~60g 정도가 함유되어 있다. 알코올은 중독성을 가진 약물로, 몸 안에 들어오면 위장에 흡수된

세계의 권주사

미국 : 히어스 투 유|Here's to you!
　　　 버텀 업|Bottoms up!
브라질 : 사우데|Saude!
캐나다 : 토스트|Toast!
멕시코 : 사루으|Salud!
오스트레일리아 : 치어스|Cheers!

프랑스 : 아 보뜨르 상떼|A Votre Sante!
이탈리아 : 알라 쌀루떼|Alla salute!
소련 : 스 하로쇼네 즈다로비예
네덜란드 : 프로스트 |Prost!
독일 : 프로지트 |Prosit!
중국 : 깐바이|乾杯

그 외에 바이킹의 후예인 북구에선 '스콜!|건강!', 하와이에서는 '오코레 마루우나'라고 소리를 지르면서 술을 마신다.

뒤 혈액으로 빠르게 스며들어 혈액을 타고 신체의 모든 기관으로 퍼진다. 이 중 뇌에 도달한 알코올은 신경중추를 자극하여 도파민이라는 물질의 분비를 돕는다. 도파민은 뇌에서 감정을 조절하는 역할을 하는 신경 전달 물질로, 도파민의 분비가 증가하면 즐거움과 쾌락을 느끼게 된다. 그러나 술을 마셨을 때 항상 동일한 양의 도파민이 분비되진 않는다. 술을 마시는 횟수가 거듭될수록 도파민의 분비는 줄어든다. 즉, 술로 인한 도취감을 전과 동일하게 느끼기 위해서는 점점 더 많은 양의 알코올이 필요해진다. 알코올 의존도가 높아지면 뇌에 자극을 주어 '필름 끊기는 현상'이 나타날 뿐 아니라 인체의 여러 장기에 손상을 입는 결과를 초래한다.

O7 술과 건강

알코올은 1g당 7.1kcal이 열량을 내지만 그 외의 다른 영양소는 턱없이 부족하므로 'Empty Calorie Food'라고 부른다. 따라서 술을 많이 마시면 칼로리의 섭취는 많아지는 반면 비타민 A, C, 티아민, 칼슘과 철분 등 다른 영양소의 섭취는 부족한 경우가 허다하다. 에너지의 많은 부분을 균형 잡히지 않은 형태인 술로 마구 섭취하면 영양의 균형이 깨지기 마련이

다. 하지만 확실한 영양 섭취 습관을 지킨다면 알코올 중독이 되는 일은 거의 없다.

술의 주성분은 알코올이지만 실제로 여러 가지 재료를 넣어 만든 술에는 건강에 도움을 주는 물질이 들어있다. 종류에 따라 차이는 있지만 술에는 당분과 여러 종류의 펩티드|단백질의 일종|, 핵산과 아민류, 칼슘, 인, 철과 같은 무기질과 비타민 B 등 무려 100여

종의 성분이 함유되어 있다. 여기에는 원료 자체의 영양소도 있고, 발효 중에 생긴 성분도 있다. 술마다 제각기 독특한 맛과 향, 색을 내는 것도 이러한 여러 성분이 작용하기 때문.

건강에 도움을 주는 대표적인 술로는 와인과 맥주, 청주 등을 꼽을 수 있다. 천연 과일을 짜서 발효시킨 와인이나, 보리와 쌀로 빚은 양조주에는 주석산 등의 유기산, 생체에 꼭 필요한 각종 미네랄과 비타민류가 파괴되지 않은 신선한 상태로 풍부하게 들어있다. 이러한 술의 유익한 효과는 치료에도 이용된다. 와인은 철분이 풍부하기 때문에 빈혈이 심한 사람이 마시면 좋고, 맥주는 신장 결석을 치료하는 이뇨제로 널리 쓰인다.

건강을 위해 많은 양의 술을 마실 때는 충분한 비타민을 섭취하는 것이 바람직하다. 비타민은 알코올로 인한 광범위한 손상을 방지하는 데 큰 도움을 주기 때문. 또한 음주 시에는 소변 양이 증가하여 미네랄이 부족해지기 쉬우므로 음식을 통해 보충해야 한다. 술꾼이 걸리기 쉬운 대부분의 질병은 음주 자체로 야기되는 것이 아니라 음주에 따른 영양 부족으로 유발된다는 것을 잊지 말 것.

08 술의 악영향

'술에는 장사 없다'는 말이 있다. 적당한 양의 술은 정신과 신체 건강에 도움을 주지만 폭주는 인간의 몸을 망가뜨릴 수 있다는 말로 해석할 수 있다. 탄수화물,

프렌치 패러독스 |French Paradox|

실제로 와인 소비량이 세계 최대인 프랑스인들의 경우, 흡연율이 높고 버터, 육류 등 동물성 지방의 섭취량이 많은데도 불구하고 심장병의 발병과 사망률이 낮다고 한다. 이를 가리켜 '프렌치 패러독스|French Paradox|'라고 표현한다. 프렌치 패러독스가 가능한 것은 와인을 만드는 포도즙에 폴리페놀, 유기산을 비롯하여 여러 가지 몸에 좋은 성분이 들어있기 때문이다.

단백질, 지방은 체내의 대사 반응에 의해 필요할 때 서로 교환된다. 하지만 각종 비타민과 무기질은 음식물로 공급 및 흡수되어 저장되는데, 알코올은 이들 영양소의 작용 과정을 방해한다. 만성적으로 알코올을 섭취하면 간에 저장되는 비타민 A의 양이 줄어들고, 혈액 속의 비타민 E가 줄어드는 등 지용성 비타민 대사에 지장을 초래한다. 또한 알코올 중독자들은 비타민 B군의 결핍 증상이 나타나고, 비타민 C의 흡수 또한 저하된다.

다량의 알코올은 칼슘과 뼈의 대사에도 관여하는데, 뼈를 만드는 세포의 활성을 방해하여 뼈가 제대로 형성되는 것을 억제한다. 그리고 술을 마시면 소변을 통해 칼슘 배출양이 증가한다. 이로 인해 체내에 칼슘이 줄어들고, 만성 과음은 비타민 D의 대사를 방해하여 칼슘 흡수율을 낮춘다. 따라서 음주는 골다공증의 발생 가능성을 높일 수 있다.

술을 많이 마시면 간에 무리가 온다. 간은 우리 몸에서 가장 큰 장기로, 여러 세포들이 모여 몸에 필요한 영양분의 대사는 물론이고 뇌에 필요한 에너지를 공급한다. 또 간은 독성물질을 결합하고 해독시키는 등 여러 기능을 수행하는 종합적인 화학 공장이다. 알코올을 자주, 혹은 과량 마시면 거의 100% 알코올성 지방간이 생기고, 심하면 알코올성 간염이나 섬유화 현상을 일으킨다. 그리고 더 심하면 알코올성 간경화증으로 발전된다. 제2차 세계대전이 끝난 후 프랑스 사람을 대상으로 알코올성 간 질환 환자와 발병수를 조사해 보았더니 알코올 소비가 적었던 전쟁 중에 이 질환이 가장 적었고, 전쟁 전후에는 많이 발병한 것으로 집계되었다. 이는 알코올이 간에 직접·간접적으로 영향을 미친다는 사실을 입증해 주는 역사적인 일례이다.

09 술은 사랑의 묘약

사랑의 묘약 중에서 가장 오랜 전통을 가진 것은 바로 술이라고 한다. 실제로 소량의 술은 긴장한 뇌 신경세포를 이완시키고, 중추신경을 적당히 자극해 사랑의 감정을 고양시키는 효과가 있다. 여러 종류의 술중에서도 가장 효과가 좋은 건 바로 과실주. 과일에는 기분 전환에 도움을 주는 비타민 C와 비타민 E가 풍부해 알코올과 같이 섞이면 감정을 고조시키는 효과가 일반 증류주보다 훨씬 크다. 과실주 또한 너무 많이 마셔 음주 운전 측정치인 0.05에 이르면 운동신경이 둔화되고, 알코올 농도 수치가 0.1에 이르면 교감신경이 서서히 마비되어 시야가 흐

려지고 몸을 뜻대로 움직일 수 없게 된다. 그러나 과실주 딱 두 잔 반은 평균적으로 알코올 농도 0.025에 해당하는 양으로, 사람의 감정을 이완시켜 기분이 좋아지고, 실실 웃음이 나며, 상대방에 대한 포용력 역시 가장 커지는 수치다. 슬쩍 프러포즈를 할 기회를 엿보고 있는 사람이라면 상대의 마음을 사로잡기에 과실주 두 잔 반이 든든한 백그라운드가 될 것이다.

10 웰빙에 발맞춘 술의 진화

세계 어느 나라건 술은 그 나라의 주식이나 식사 습관과 밀접한 관련이 있다. 맥주나 위스키의 생산국인 영국과 독일에서는 보리나 밀을 원료로 한 빵과 고기가 주식이며, 일본의 사케는 쌀로 빚은 술이다. 유목민인 몽고인들은 젖술|유주|이, 중국인들은 곡주인 고량주가 그들의 중심이 되는 음주 문화다. 또한 우리나라는

쌀로 만든 곡주를 5,000년 동안 즐겨왔다.

　　우리 민족은 술을 단순히 취하기 위한 기호음료로만 인식하지 않았다. 질병을 예방 및 치료하기 위해 술을 마시기도 했고, 사계절의 풍류를 즐기기 위한 매개체로 삼기도 했다. 또 식사와 함께 마시는 반주로 건강을 도모하기도 했다. 우리 술의 특징은 향이 깊고 순한 듯하면서 은근하게 취기가 올라와 술을 마시는 흥취가 있으며 숙취가 없다는 것이다. '부어라, 마셔라, 그리고 취해라'로 대표되던 술의 시대는 갔다. 이제 술 문화는 웰빙 트렌드와 함께 '즐기는 술'인 동시에 '건강에 좋은 술'이 대세다. 이는 애주가들이 군침을 흘릴 만한 희소식이 아닐 수 없다. 요즘 들어 20대의 젊은 사람들도 집에서 담근 가양주|家釀酒|나 스스로 만든 자가 양조를 선호하는 경향이다. 인삼, 오갈피 등의 기능성 약재를 혼합하여 만드는 리큐르, 맛과 빛깔이 곱게 어우러진 과실주 등 기호도 또한 다양해졌다. 웰빙 트렌드가 결국 우리네 전통주의 발선을 꾀했음을 엿볼 수 있는 대목이다. 노화 방지와 고혈압 그리고 심장병을 예방한다고 하여 웰빙 아이콘으로 대중화된 와인이 유기농 원료로 업그레이드되었음은 물론, 이에 질세라 토종 웰빙 술도 다양하게 개반되고 있다. 소화를 돕는 약초 리큐르, 10가지 한약재를 넣어 빚어 항암 효과가 뛰어난 강장 백세주, 강장 효과가 뛰어나며 겨울에 한기를 막아주는 복분자주, 지방 분해 및 피로회복에 효과적인 녹차주 등 자연과 한층 더 친해진 술은 건강하고 아름답게 살기를 원하는 현대인의 욕구를 충족시켜 주기에 부족함이 없다.

fruit wine

part 2

세계의 술 문화

2

우리는 축제의 순간, 샴페인을 터뜨리며 환호하고 기쁨을 만끽한다. 또 오랜만에 만난 친구들과 맥주잔을 부딪치며 우정을 확인하기도 한다. 때론 연인과 분위기 있는 와인 앞에서 사랑을 속삭이기도 하며, 고독한 인생을 브랜디 한 잔에 털어버리기도 한다. 알게 모르게 우리 삶과 나란히 걷고 있는 술. 세계적인 술의 역사와 문화에 한 걸음 다가서자.

11 한국의 술 역사

우리 술의 역사는 고조선 이전부터 시작되었을 것으로 추정된다. 술에 관한 최초의 기록은 〈제왕운기〉로, 고구려 건국 신화에서 술에 관해 언급되어 있다. 삼한시대 영고, 동맹, 무천 등 제천행사에 남녀노소가 밤낮으로 술을 즐겼다는 〈위지 동이지〉 기록을 통해 오래 전부터 술이 일상화되었음을 짐작할 수 있다.

백제 사람인 인번仁蕃. 수수보리라는 뜻은 누룩과 술 빚는 법을 일본에 전수하여 '술의 신'으로 추앙받았다. 통일신라시대에는 맑게 거른 청주가 빚어졌는데, 당나라의 옥세생이 신라 술을 극찬하는 시를 지을 정도로 중국에서도 명성을 떨쳤다. 고려시대에는 송나라와 원나라의 양조법이 들어왔으며, 이전부터 내려오던 곡주 양조법 또한 확고하게 정립되었다. 이 시기에는 누룩의 종류뿐 아니라 탁주, 청주, 약용주, 소주 등 술의 종류도 다양해졌다. 고려 후기에 증류주 빚는 방법이 보급되면서 전국 각지에서 소주가 본격적으로 만들어졌다.

조선시대에는 다양한 양조법과 함께 술의 고급화가 이루어졌다. 멥쌀에서 찹쌀로 주원료가 바뀌었으며, 덧밥을 이용하는 중양법이 일반화되었다. 질 좋은 약주가 만들어진 것이다. 조선 후기인 19세기에는 문화교류가 활발해지면서 술의 품질을 향상시키고 새로운 술을 개발하는 데 박차를 가해 술의 절정기를 맞는다. 유교문화의 영향으로 제사를 받드는 것이 중요시되었고, 집집마다 제삿술을 빚는 것이 일반화되어 가양주 문화가 꽃을 피운 것이다. 이러한 역사적인 토대 위에서 전통 술들이 오늘날까지 꽃을 피우고 있다.

12 절기 따라 술이 익는다

우리 민족은 세상의 어느 민족보다 아름답고 다양한 술을 빚어왔다. <u>우리의 가양주는 명절이나 세시풍속에 맞추어 빚는 '세시주'와 계절 따라 피는 꽃과 과일, 곡식을 이용한 '절기주'가 특징이다.</u>

설날에는 술|세주 歲酒|과 음식|세찬 歲饌|을 만들어 이웃끼리 나눠 먹기도 하고 손님과 친지에게 음식을 대접했다. 이때 빚어 마시던 술은 약주와 청주로, 여름에 누룩을 만들어 준비했다가 이 누룩으로 백미나 찹쌀을 원료로 하여 빚은 양조주가 많았다. 또 동동주, 삼해주 등 전통 향토주로 이름을 붙여 술을 빚기도 하고, 집안마다 특색 있는 술을 빚어 이집 저집 방문하며 마시는 생활 풍속이 있었다. 정초에 마시던 술은 '도조주'라 하여, 정월 초하룻날에 이 술을 마시면 오래 살 수 있다고 한다.

정월 보름날 마시는 귀밝이술은 서민들에게 친숙한 술이다. 아침에 오곡밥을 먹기 전, 귀밝이술을 한 잔씩 마시면 한 해 동안 귀가 밝아지고 정신도 맑게 지낼 수 있다고 믿었다. 귀밝이술은 '이명주|耳明酒|'라고도 불리는데, 일 년 내내 기쁜 소식만 전해 들으라는 데서 연유한다. 강남 갔던 제비가 돌아온다는 삼월 삼짇날은 봄나들이를 나가는 날로 정해져 있었으며, 동쪽으로 흐르는 물에 들어가 몸을 깨끗이 씻고 물가에서 시를 지으며 술을 마시곤 했다. 이때 제일 많이 마시던 술이 봄철 진달래꽃을 따서 빚은 두견주다.

살구꽃이 피기 시작하는 음력 3월 청명일에 마시는 청명주는 물이 좋았던 충주의 금여울이 본고장이다. 청명주는 21일간 발효하여 빚은 청주로, 엿기름을 사용해 단맛이 나서 누구나 즐길 수 있었다.

농사일이 한창 바쁠 때 서로 협동하여 일하던 만두레 또는 품앗이는 특히 호남에서 성행했던 공동 작업이다. 이때 새참으로 마시던 농주로는 호남과 영남, 중부지방에서 누룩과 쌀로 빚은 탁주, 강원도의 옥수수술, 좁쌀을 원료로 한 제주의 오메기술이 있다.

음력 5월 5일 단오 날은 만물의 생기가 가장 왕성한 때로, 창포주를 마셨다. 창포주는 찹쌀로 빚은 청주에 단오 며칠 전부터 창포 뿌리를 다듬어 주머니에 넣고 그것을 술에 닿지 않게 술독에 매달아 밀봉해 두었다가 숙성시켜 창포향이 스며들면 마시는 술이다. 창포의 향기로 모든 나쁜 병을 쫓는다고 믿었다.

6월 보름〔유두일〕에는 동쪽으로 흐르는 시원한 개천가에서 술을 마시는 '유두음〔流頭飮〕'이라는 풍속이 있었다. 신라 때 오미자술로 유두음을 하였다는 기록이 있다. 음력 7월 15일은 백중이라 하는데, 농사가 끝나고 주인집에서 술과 음식을 장만하여 노래하고 춤추며 머슴들이 즐겁게 하루를 보낼 수 있도록 했다. 이때는 잘 사는 집을 찾아다니며 소먹이 놀이를 하면서 걸걸한 농주〔입쌀 뜬 물〕와 안주를 대접받았다. 그 외에도 음력 8월 15일 추석에는 햇곡식으로 만든 신곡주가 다양하게 빚어졌다. 그중 가장 많이 빚어진 술은 동동주다. 또 국화가 만발한 음력 9월 9일 중양절에는 가을의 정취를 한껏 담은 국화주를 즐겼다.

13 한국의 전통 계절주

우리 민족은 계절이 바뀔 때마다 꽃으로 술을 담가 마시며 풍류를 즐겼다. 진달래가 만개하는 봄에는 전국적으로 두견주를 빚었다. 꿀이 많아 술에 단맛이 드는 두견주 중 특히 당진 두견주와 김천 두견주가 유명하다. 지금부터 1,000여 년 전, 고려의 개국 공신인 복지겸이 이상한 병에 걸려 생사를 가늠할 수 없게 되었다. 그의 딸이 매일 산에 올라가 기도를 올리던 중 꿈에서 '부친의 병이 나으려면 아미산에 만개한 두견화의 꽃잎과 찹쌀로 술을 빚되 반드시 안샘의 물로 빚어 100일이 지난 후 마시고, 그런 다음 두 그루의 은행나무를 심고 정성을 들이라'는 계시를 받았다는 전설이 충남 당진에 전해진다.

　가을에는 진한 향이 마음을 편안하게 해주는 국화주를 마셨다. 국화는 예로부터 불로장생의 영초로 알려져 있다. 국화주는 음력 9월 9일 중양절에 꼭 챙겨 마셨는데, 이 날에 국화주를 마시면 장수를 누리고 병에 걸리지 않는다고 전해진다. 〈동의보감〉에 국화주는 눈이 밝아지고 근육과 뼈에 좋다고 쓰여있다. 〈본초강목〉에는 국화주를 오랫동안 먹으면 혈기를 더해주고, 몸을 가볍게 하며, 위장을 편안하게 한다고 쓰여 있다. 민간에서는 국화주를 100일 동안 마시면 몸이 가볍고, 1년 동안 마시면 흰머리가 검은 머리로 변하며, 2년 동안 마시면 빠진 이가 나오고, 5년 동안을 마시면 80살 노인이 10대 소년처럼 젊어진다

는 속설이 떠돌 정도였다. 국화의 꽃잎은 두통을 낫게 하고 눈과 귀를 맑게 한다고 하여 향화주와 약용주를 겸비한 술로 인정받아 왔다.

14　동양 3국의 주도 비교

주도酒道는 각 나라의 문화를 알 수 있는 흥미로운 지표다. 일본은 술잔을 권하는 모습이 우리나라와 비슷하지만 아주 작은 잔으로 홀짝홀짝 마셔 섬나라의 기질이 드러난다. 하지만 이런 주도는 술의 양을 조절할 수 있다. 일본 술상에는 화려한 빛깔의 야채가 곁들여진 생선회가 오른다. 일본에서는 어른이 아랫사람에게 먼저 잔을 내려주거나 아랫사람이 윗사람에게 가서 잔을 청한다.

중국에서는 상대방에게 술을 권하면 실례가 된다. 술자리에 앉아있어도 각자 자기 잔에 술을 가득 부어 마시고 건배하면서 잔을 모두 비워야 한다. 또 자신이 적게 마셔야 할 때는 '스위[조금이라는 뜻]' 라는 말로 상대방에게 양해를 구한다.

우리나라는 상대방에게 먼저 술을 권하는 주도를 갖고 있다. 〈소학[小學]〉에는 어른이 술을 권하면 자리에서 일어나 술잔이 놓인 곳으로 가서 절을 하고 두 손으로 술을 받아야 하고, 어른이 술잔을 비우고 난 뒤 마시는 것이 아랫사람의 예의라고 쓰여 있다. 우리나라에서는 어른 앞에서 술을 마실 때는 돌아앉거나 상체를 뒤로 돌려 마시는 것이 대표적인 주도다.

15 중국의 음식 문화와 술

중국에서 술은 유고한 역사를 가지며 지금도 가장 중요한 음료 중 하나다. 또한 중국의 음식 문화에서 특수한 지위를 차지하는 것이 술이다. 요리에 술이 곁들여짐으로써 그 맛이 배가될 뿐 아니라 입맛을 돋우어주는 촉매제의 역할을 한다. 제사, 명절, 손님접대, 송별식, 환영식, 경사스러운 모임 등에 술은 빠져서는 안 될 필수품인 것. 수천 년의 변화와 발전을 거듭하여 청나라 때에 와서 세계적으로 유명한 수십 종의 명주가 출현했다. 이 중 가장 유명한 것이 마오타니 술. 중국 명주의 상징으로 '국주' 라 불리는 마오타니 술은 향긋한 향과 깔끔한 뒷맛이 특징이다.

술의 종류가 워낙 많다 보니 술을 즐기는 사람도 많기

마련. 당나라의 대시인 이백이 지은 명시 중 '예부터 성현은 모두 적적하였으니 오직 술을 즐긴 자만이 그 이름을 후세에 남겨두었네'라는 구절이 있다. 이처럼 문인과 술은 떼려야 뗄 수 없는 밀접한 인연을 맺고 있다. 위진 시대의 걷잡을 수 없이 방탕한 일곱 명의 문인명사는 늘 대나무 숲에 모여앉아 술을 마시고 시 읊기를 즐겼는데, 이를 후세에서는 '죽림칠현'이라고 하였다. 이처럼 중국의 문학과 예술의 명작은 모두 술에서 영감을 받았다고 해도 과언이 아니다.

중국 사람에게 있어서 연회를 베푸는 것은 인간 교제의 중요한 수단이었으며, 이는 술이 가지는 사회적 기능을 대변한다. '술은 마음이 통하는 사람끼리 마시면 천 잔으로도 모자란다'는 말이 있듯 중국에서의 술은 사람들의 찬사를 받는 중대한 지위를 차지했다. 하지만 탐욕, 과시, 재산, 아첨, 낭비 등의 세속적인 욕심을 한 자락 깔고 마시는 것에 대해서는 거센 사회적인 질책을 받았다.

16 일본의 사케

일본에서는 술의 신선도와 원료를 가장 중요하게 생각한다. 새로운 술이 선보이면 선도와 원료의 양질성을 내세워 어필한다. '맑은 술' '깨끗한 술'이란 의미를 담고 있는 일본의 대표주인 청주(사케)는 단순히 취하기 위해서 마시는 술이 아니다. 전통적인 일본 요리의 일부로, 요리의 맛을 더욱 좋게 하는 데 그 목적이 있다. 사케는 크게 네 가지 유형으로 나뉘며 음식마다 각각 어울리는 술이 따로 있다. 향이 짙은 유형의 긴죠나 혼죠는 어패류처럼 재료의 맛을 살린 요리에 잘 어울린다. 상쾌하고 부드러운 나마사케^{生酒}는 붉은 살 고기보다는 어패류와 같은 유산이 적은 재료와 궁합이 잘 맞는다. 이때 사케는 입 안의 기름기를 씻어내는 작용을 한다. 아미노산 함유량이 많은 요리에는 준마이가 잘 맞고, 유산이 많은 고기류와 고단백 요리에는 장기 숙성한 술인 고쥬^{古酒}가 어울린다.

　　사케는 겨울에 데워서 마시는 것으로 인식되어 왔다. 하지만 최근 젊은 층을 중심으로 생주와 음양주에 얼음을 넣어 마시거나, 동결주를 멋으로 즐기는 경향이 강해졌다. <u>고급 청주를 마실 때는 오히려 약간 차갑거나 상온에서 마셔야 진정한 향과 맛을 음미하기에 좋다.</u> 이처럼 분위기로 즐기는 청주, 때를 가리지 않고 즐기는 대중적인 청주로 인식의 전환점을 맞은 것은 1970년대 중반부터 연이은 신제품의 러시 때문이다. 연간 수백 종의 신제품이 쏟아져 나오고 있으며, 현재까지 용기나 용량의 차이를 포함시키면 그 종류가 3만 4,000종이 넘는다. 눈에 띄는 변화의 흐름은 청주의 라이트화, 패션화라고 말할 수 있다. 기존 청주의 알코올 도수는 15~16도였지만 최근에는 저알코올 청주가 등장하고 있다. 월계관의 '타임'^{14.5도}, 오바이주조의 '오바이 깃파텐고쿠'^{13.8도}, 다카라주조의 '소카이8'^{8노}'이 대표적이다.

17　각국의 대표 술 Ⅰ

기후와 토양 등에 영향을 받은 원료가 그 나라의 술을 발전시켰다. 브랜디는 과실을 발효, 증류시켜 만든 술이며 숙성 방법은 과실의 종류에 따라 다르다. 13세기경 스페인 태생의 의사이자 연금술사인 알노루 드 빌누으브^{Arnaude de Villeneuve}

가 와인을 증류하여 만든 뱅 브루레|Vin Brule|는 태운 와인이란 뜻을 가진 술로서 브랜디의 시초라고 볼 수 있다. 넓은 의미에서 과실주를 증류한 술을 브랜디로 분류하지만, 우리가 흔히 말하는 브랜디는 대부분 포도주를 증류해 만든 것이다. 그중 단연 최고로 꼽히는 '꼬냑'은 프랑스 꼬냑 지방에서 생산된 브랜디만을 가리킨다.

영국을 대표하는 술, 위스키는 맥주와 먼 친척뻘 되는 관계다. 그 원료가 맥아, 옥수수, 호밀이기 때문. 현재 위스키의 어원은 켈트|Celt|어의 우스게바하 |Uisge Beatha|에서 시작되었으며 라틴어의 '생명의 물|Aqua Vitae|'을 의미한다. 현재의 위스키는 아일랜드에서 처음 만들어졌으며 그 시기는 명확하지 않다. 하지만 영국으로 전해진 것은 12세기 또는 그 이전이며, 스코틀랜드에서도 거의 같은 시기에 증류가 시작되었다고 한다. 현재 위스키의 주원산지는 영국과 미국이다. 영국의 스코틀랜드에서 제조되는 위스키는 '스카치위스키|Scotch Whisky|'라 총칭하고, 아일랜드와 미국에서는 '위스키|Whiskey|'로 표기한다. 위스키는 꽤 독한 편이라 술을 많이 마시지 못하는 사람에겐 친해지기 어려운 술이다. 스트레이트가 부담스럽다면 와인, 주스 등을 첨가해 알코올 도수를 낮게 하여 칵테일이나 온더락으로 마시면 좋다.

18 각국의 대표 술 Ⅱ

시베리아의 혹독한 추위를 견디기 위해 만든 무색무취의 보드카. 거대한 술꾼들의 나라인 러시아의 전통주다. 언뜻 우리의 소주와 비슷해 보이지만 실제로 알코올 도수는 약 2배가량 차이 나는 40도 이상의 독한 술이다. 모스크바 공화국 |1283~1547|에서 투명한 증류주를 마셨다는 기록으로 보아 보드카의 역사는 상당히 오래된 것으로 추측된다. 보드카는 아라비아어로 물을 나타내는 'Voda'에서 유

래된 명칭으로 '귀여운 물|Dear Little Water|' 이라는 의미를 갖는다. 의료시설이 열악하던 시절, 보드카는 마취제이자 약으로 쓰였다. 배가 아프면 보드카에 소금을 타서 마시고, 감기에 걸리면 후추를 타서 마시고, 컨디션이 좋지 않으면 보드카를 마시고 마늘이나 양파를 먹은 후 증기목욕을 하러 갔다. 이러한 연유로 러시아인들은 보드카의 신비한 효능을 믿게 되었고 삶의 동반자로 여긴다.

진|Gin|은 1660년경 네덜란드의 의학교수인 프란시스쿠스 실비우스|Franciscus Sylvius|에 의해 약용으로 만들어졌다. 이때 진은 이뇨제와 소독약으로 쓰였다. 약료가 있는 주니퍼 베리|Juniper berry|를 재증류하여 '쥐니에브리|Genievre|'로 불렀고, 이것이 술의 용도로 널리 퍼지게 되면서 네덜란드 선원들에 의해 '쥐네바|Geneva, Jenever|'로 불리다가 17세기말 영국에 진파되이 비로소 '진|Gin|' 이라는 이류을 갖게 된다. 진은 느끼한 음식을 먹은 후 산뜻하게 입맛을 정리해 주거나 식욕을 돋워준다. 또한 이뇨작용을 원활히 하여 신체 생리작용에도 좋다. 미국으로 전파되면서 칵테일용으로 가장 많이 쓰이게 된다. '진은 네덜란드 사람이 만들고, 영국인이 꽃피우고, 미국인이 영광을 주었다' 라는 말이 있을 정도.

멕시코의 대표 술 '데킬라|Tequila|'는 스페인어로 '격찬, 감탄' 이라는 뜻이다. 멕시코산 선인장으로 즙을 내어 발효, 증류해서 만든 술로, 스페인이 멕시코를 정복한 후 아풀케를 증류하여 '메즈간' 이라 했으며, 이 중 데킬라 마을에서 생산된 것만을 '데킬라' 라고 불렀다. 특히 레몬즙을 바르고 소금얹어 혀로 핥은 후 마시는 독특한 술이다.

19 과실주의 왕, 와인

으깨진 포도가 저절로 술이 되면서 와인의 역사는 시작된다. 포도에 함유되어 있는 당분과 포도 껍질에 붙어있는 천연 효모가 발효되어 포도주가 만들어졌고, 전 세계적으로 여러 가지 향미의 와인으로 발전한 것. 와인은 과실주의 일종이지만 매실주나 사과주, 딸기주처럼 집에서 담그는 과실주와는 다르다. 와인은 알코올에 과일을 재어 놓은 것이 아니라 포도 자체를 발효시켜 만든 술이다.

와인의 대표는 포도가 지닌 떫은맛과 신맛의 미묘한 조화로 깊은 맛을 내는 레드 와인. 적포도의 껍질과 씨를 통째로 발효시킴으로써 떫은맛을 내는 타닌과 색소가 추출되어 레드 와인의 깊은 맛과 아름다운 빛깔을 만들어 낸다.

포도는 인류가 농경생활을 시작하면서부터 경작했으며, 와인은 기원전 9,000년 경에 흑해 주변의 코카서스 지방 사람들에 의해 처음 만들어졌다고 추정된다. 로마 문명이 발달하면서 와인은 유럽 전역으로 퍼져나갔으며, 중세에는 기독교의 확산과 더불어 수도원을 중심으로 포도 경작과 와인 생산에 박차를 가했다. 18세기 프랑스 혁명 이후 프랑스의 포도 재배와 와인 생산은 자유화되었고, 보르도와 부르고뉴 등 우수한 와인을 생산하는 지역들이 세계적으로 널리 알려지게 되었다. 프랑스는 와인과 관계된 각종 법령, 제도들을 정비하면서 오늘날 명품 와인의 산지로 자리매김을 했다. 같은 시기에 미국, 호주, 칠레 등에서도 와인 사업에 주력하면서 오늘날 와인의 대중화에 기여했다. 와인의 가장 큰 특성은 만드는 방법, 지역, 포도의 품종에 따라 그 종류가 매우 다양하며, 각기 고유한 풍미를 발산한다는 점이다.

20 식전주 vs 식후주

레스토랑에서 서양식 와인 리스트를 보면 '식전주'와 '식후주'라는 생소한 단어가 눈에 띈다. 말 그대로 식사 전에 마신다는 식전주는 원어로 '아페리티프|Aperitif|'이며 '열다'라는 뜻의 라틴어에서 유래했다. 식사 전에 마시는 술은 위를 자극하여 식욕을 돋우어 요리를 맛있게 먹을 수 있도록 돕는다. 정식 만찬에서는 와인에 독주를 첨가하여 만든 스페인 특산의 셰리|Sherry|와 버무스|Vermouth|

를 많은 사람들이 식전주로 마신다. 버무스에는 화이트 와인에 약초와 향초를 가미하여 신맛이 나도록 만든 프랑스 산 화이트 버무스와 레드 와인에 감미료와 향초를 가미하여 만든 이탈리아 산 레드 버무스가 있다. 그 밖에 남성들이 즐겨 마시는 마티니|Martini| 등 칵테일과 여성들이 좋아하는 마가리타|Margarita|, 와인에 독주를 가미하여 만든 듀보네|Dubouuet| 등이 식전주로 인기 있다.

반대로 식후주의 원어는 '디제스티프|Digestif|'로, '소화시키다'라는 의미. 식후주는 보통 주정도가 높은 술을 선택하게 되는데 남성들은 브랜디를, 여성들은 맛이 달콤하고 색이 아름다우며 향기로운 리큐르를 즐겨 마신다. 또 느긋한 기분으로 식전주와 식후주를 즐기는 이탈리아 사람들은 짜고 남은 와인을 증류주로 만든 '그라파'를 식후주로 많이 마신다. 식후주는 위를 긴장시키는

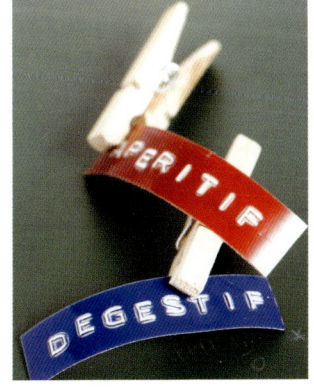

효과가 있으므로 기름기 많은 요리를 먹은 후 마시면 더부룩한 느낌을 없애는 데 도움이 된다.

21 꿀벌과 술은 밀접하다

북유럽 스칸디나비아에서는 신혼부부가 알코올 도수 3~5도의 벌꿀술을 마시는 풍습이 전해져오고 있다. '허니문'이라는 단어가 여기에서 비롯되었다. 벌꿀은 과당과 포도당으로만 이루어져 있어 빗물만 섞여도 발효가 되므로 벌꿀술의 역사가 매우 오래되었음을 미루어 짐작할 수 있다. 꿀벌과 친했던 민족들은 대개 술이 세다는 점이 이를 뒷받침한다. 유럽의 꿀벌은 부지런하고 강하며, 벌집에 들어갈 때 꼬리부터 들어가 경계심을 늦추지 않는다. 또 꿀을 딸 때 벌집을 툭툭 치면 우리나라 토종벌은 겁을 먹고 날아가지만 서양 벌은 꼼짝 않고 꿀통을 지킨다. 그래서 벌을 전부 없애야만 꿀을 딸 수 있다. 이처럼 서양 벌이 부지런하고 강한 이유는 유럽이 꽃은 많이 피지만 만개 기간이 짧은데다가 겨울이 길고 혹독하기 때문이다.

특히 북유럽 스칸디나비아 쪽으로 갈수록 꿀벌들이 부지런해 이 지역 사람들이 세계에서 가장 오래 전부터 벌꿀주를 마셨으며, 그로 인해 알코올 분해 능력 또한 향상된 것으로 알려져 있다. 이들은 실제로 술을 마셔도 얼굴이 붉어지거나 가슴이 두근거리는 증상은 거의 나타나지 않는다고 하니 시쳇말로 말술 민족이 아닐 수 없다.

fruit wine

part 3
자연과 친한 술, 과실주

3

꽃과 과일 등 계절의 향기를 술병에 담아두었던 우리 민족의 풍류가 그리울 정도로 각박한 시대
에 살고 있다. 스트레스를 비롯한 온갖 현대병에 시달리는 요즘, 건강을 위해 과실주를 물처럼
혹은 약처럼 가까이 지내는 것이 현명하다. 과실주를 직접 만들기 전, 흥미진진한 세계적인 일화
와 토막 정보를 통해 일단 과실주와 친해지는 것이 우선이다.

22 과실주의 기원

사냥과 채집으로 생활하던 시대에도 존재했던 인류 최초의 술, 과실주. 과일은 조금만 상처가 나도 과즙이 새어나오고 이 과즙이 모여 천연 발효가 이루어지기 때문에 쉽게 술이 된다. 간혹 아프리카 탐험기를 보면 나무뿌리 밑에서 과즙 술을 먹은 코끼리가 휘청거리며 달아나고 멧돼지가 술에 취하여 아무 데나 몸을 부딪치는 장면이 눈에 띈다. 특히 유럽에서 포도주가 크게 발전되어 왔는데, 포도는 자체적으로 쉽게 술이 되는 성질이 있어 기원전 6,000년 전부터 포도주를 빚었던 흔적이 발견된다.

증류주에 과일이나 식물 약재 등을 넣어 만든 술을 '리큐르'라고 부르며, 우리가 흔히 과실주 혹은 과일주라고 일컫는 술도 리큐르에 속한다. 고대 그리스의 히포크라테스가 쇠약한 병자에게 힘을 주기 위해 포도주에 약초를 넣어서 일종의 물약을 만들었는데, 이것이 리큐르의 기원이라고 전해진다. 이처럼 과실주는 동서고금을 막론하고 약으로 사용되었다. 주로 술에 약재를 첨가하여 제조하는 리큐르는 알코올의 추출작용을 이용한 것으로, 식물 약재를 알코올로 우려내는 원리로 만들어진다. 이처럼 리큐르는 인간의 생명 회복이나 불로장생의 영약을 얻기 위한 노력의 산물로 탄생하였으며, 그 종류도 다양해졌다.

우리 민족의 음주 문화에서 빼놓을 수 없는 과실주나 약용주 또한 리큐르의 일종이며, 집에서 직접 빚은 과실주는 건강과 풍류라는 두 마리 토끼를 잡는 조상의 놀라운 지혜였다. 최근 한동안 주춤했던 가양주가 다시 삐죽이 고개를 내밀고 있다. 생활수준이 향상되면서 건강을 챙기는 데에도 '자신만의 것'이 중요시되는 시대가 도래한 것이다. 술 역시 홈 브루|Home Brew|, 즉 자가 양조가 주목

을 받고, 그로 인해 집에서 직접 술을 빚어 마시는 사람이 늘고 있다. 맥주나 와인, 전통주에 이르기까지 관련 동호회의 젊은 층이나 도시에 사는 사람들에 의해 홈 브루는 저변 확대되고 있는 추세. 이제 주변에서 쉽게 구할 수 있는 건강 재료로 눈과 입, 그리고 몸 전체가 즐거워지는 과실주는 웰빙의 대명사가 되었다.

23 리큐르 vs 과실주

'리큐르|Liqueur|'는 '녹아든다'는 의미의 라틴어 '리케파세레|Liquerfacere|'에서 유래한 프랑스어다. 18세기 이후에는 의학의 진보에 따라 의학적인 효용을 술에서 구한다는 초기의 생각은 약해지고, 과일이나 꽃의 향미를 주제로 아름다움을 추구하게 되어 상류사회 부인들의 옷 색상과 어울리는 리큐르가 유행하게 되었다. 또한 단 음식을 좋아하는 취향 때문에 위스키나 브랜디에 꿀을 섞어 먹거나, 향료를 섞게 되었는데 이것이 아름다운 색채와 달콤한 향미를 강조한 오늘날의 리큐르가 되었다. 특히 과일을 첨가한 리큐르는 보통 식후주로 마셨으며, 오렌지로 만든 큐라소가 유명하다.

우리의 과실주도 서양의 리큐르에 못지않은 향기와 매력을 지니고 있다. 우리나라는 집집마다 다양한 방법과 재료로 술을 담그는 전통이 있었다. 여름엔 매실주를 담갔고, 찬바람이 불기 시작하면 모과주를 만들어 집 안 가장 잘 보이는 자리에 고이 모셔두었다. 포도, 딸기, 모과, 마늘, 인삼, 더덕 등 다양한 약재와 과일을 소주에 담가두었다가 귀한 손님이 와야 한두 잔씩 꺼내 대접할 정도로 과실주는 그 집안만의 귀한 음식 중 하나였다.

리큐르의 역사에서 알 수 있듯이 이는 일종의 약주라고도 볼 수 있다. 우리가 예

로부터 치료의 목적으로 만들어 온 인삼주, 오갈피주, 국화주 등의 술도 가족의
건강을 책임지는 귀한 리큐르에 속한다.

24 웰빙 대표, 과실주

리큐르는 위스키나 브랜디 같은 증류주와는 달리 증류주에 첨가물을 넣어 만든
술이다. 과실주 또한 독한 소주에 과일이나 약재를 넣어 담근다. 그러므로 그 작
용 효과나 부위는 첨가물의 성질에 따라 달라진다. 매혹적인 빛깔 때문만이 아니
라 다양한 효능에 힘입어 서양과 동양에서 모두 건강을 위해 찾는 술이 리큐르
고, 과실주다.

어차피 마시게 되는 술, 건강을 생각하여 자신에게 맞는 약주를 선택하
여 마시고자 하는 현명한 현대인이 늘고 있다. 인삼주는 비장과 폐장의 기운을
보하고, 매실주는 소화 촉진, 노화 방지, 피부 미용에 효과가 있다. 기혈을 보강
하고 근골과 정력을 강하게 하기 위해서는 녹용과 오갈피를, 피로회복 및 간장과
신장의 허한 부분을 보완하기 위해서는 감귤이나 구기자를, 머리가 자주 아프고
눈이 피로할 때는 국화나 결명자 등을 술로 빚어 꾸준히 마시면 치료 효과, 미용,
건강 증진에 도움이 된다.

몸과 피부에 유익한 술이라도, 이처
럼 특정한 약효를 가지는 술은 장복하거나
과음할 경우, 또 맞지 않는 사람이 복용할 경
우 부작용을 초래할 수 있다. 단적인 예로 몸
이 매우 뜨거운 사람이 인삼주를 복용하면
인체의 기혈 조화가 무너지고 기능이 약해져
탈이 나기 쉽다. 예로부터 계절이 바뀔 때마
다 여러 가지 술을 담가두고 몸 상태에 따라,

체질에 맞게 적절한 것을 골라 마시며 풍류를 즐겼던 우리 조상들의 생활이야말로 진정한 웰빙 라이프가 아닐까?

25 과실주는 우리 집 주치의

건강에 좋은 각종 약재와 과일, 계절마다 피어나는 꽃으로 담근 과실주는 오래 전부터 집집마다 유행처럼 몇 종류씩은 갖춰 두었던 상비약과 같은 존재다. 술에 약재를 첨가하면 알코올의 추출작용으로 인해 식물 약재 등의 유효성분이 우러나오는데, 이것을 약으로 복용해 온 것이다. 특히 우리나라에서 가양주를 빚을 때 사용하는 희석식 소주는 외국의 위스키, 브랜디, 럼, 보드카 등의 서양 증류주에 비교가 안 될 만큼 깨끗하고 가벼운 맛과 향을 지녔다. 또한 첨가된 꽃, 약재, 과일의 맛과 향을 가장 잘 우려내는 최상의 조건을 지닌 원료주다.

우리 술 중 대표적인 약용주는 인삼주. 인삼은 따뜻한 성질을 갖는 최고의 약재로, 복용량에 따라 혈압을 낮추기도 하고 올리기도 하며, 진액을 생성시키고 갈증 해소에 효과적이다. 이러한 인삼이 가볍고 따뜻하며 위로 상승하는 성질을 가진 술과 만나면 효능이 변해 더욱 뜨거운 성질의, 작용 속도가 매우 빠른 약주가 된다.

여성들의 피부 미용에 도움이 되는 매실은 구연산 등의 유기산과 미네랄 등을 함유한 알칼리성 과실이다. 매실주는 서양에서도 즐겨 마시는 술로, 식전에 마시면 식욕이 좋아지고 식후에 먹으면 소화제와 같은 역할을 한다. 메스꺼움을 가라앉히며 피로회복, 더위를 이기는 데 도움이 되며 정장 효과가 있다. 뿐만 아니라 성호르몬의 분비와 노화 방지, 피부 미용에도 좋다. 맛과 향이 좋고 순한 술 이므로 마셔도 잘 취하지 않고, 마신 후에도 뒤끝이 깨끗하다는 것이 특징이다. 매실주는 독특한 향과 매력적인 맛을 가지고 있을 뿐 아니라 젊음과 건강을 지향 하는 현대인의 바람과 일치하여 동서를 막론하고 널리 음용된다.

26 프랑스 포도주

'와인 없는 식탁은 꽃이 없는 봄과 같다'고 비유할 정도로 유럽, 특히 프랑스 사람들에 게 와인은 최상의 자연 조건과 정성으로 탄 생시킨 술이다. 특히 프랑스인들의 식습관이 육식으로 변해오는 동안 붉은 포도주를 늘 곁에 두게 되었다. 와인의 수분은 순수한 포 도즙이다. 포도가 자라면서 나무뿌리에서 빨 아올리는 지하수로 즙이 생겨나기 때문에 와 인을 마시는 것은 어떤 물보다 안전하다. 애 호가들은 요리에 따라, 기분에 따라 수많은 종류의 명주를 찾아내는 기분은 와인 이 아니고는 도저히 맛볼 수가 없다고 한다. 프랑스인들은 포도주를 눈과 코로 먼저 즐기고 가장 마지막에 입으로 시음한다. 포도주의 색깔과 투명도를 보고 난 다음 향을 살짝 맡은 뒤 한 모금 마셔보는 것이다.

와인의 50%는 향미라고 해도 과언이 아니다. 와인의 색깔과 맛은 한순 간 집중하면 대개 어느 정도 식별할 수 있지만 향은 종류도 많고 그 속성이 복잡 미묘하다. 뿐만 아니라 공기와의 접촉시간, 마시는 온도, 따르는 와인 액이 잔을 소용돌이치는 정도에 따라 수시로 변한다. 와인은 공기와 접촉하면서 상큼하고 화사한 제 향을 낸다. 와인의 향은 맛들일수록 더 깊은 세계를 보여주며, 빠져들게 만드는 매력이 있다. 향기를 음미하지 않고 와인을 마시는 것은 50%를 버리는 것과 같다는 말이 있으니, 애호가들의 와인 향에 대한 집착은 대단하다.

또 프랑스에서는 다이어트 음식이자, 생기를 북돋워주는 음료인 와인을 '노인의 밀크'라고 부른다. 와인 산지로 유명한 보르도에 프랑스 다른 어느 곳보다 2배나 많은 노인들이 건강하게 살고 있다는 사실이 이를 입증한다.

27 거품 나는 포도주, 샴페인

축하해야 할 자리에, 기쁘고 즐거운 축제 때, 감초처럼 빠지지 않는 샴페인은 알고 보면 와인의 한 종류다. 고개를 갸웃하겠지만, 샴페인은 거품이 있는 화이트 와인이다. 하지만 모든 거품 와인을 샴페인이라고 통칭하진 않는다. 오로지 프랑스의 샹파뉴|Champagne| 지방에서 만들어지는 거품 와인만이 '샴페인|샹파뉴의 영어 발음|'이라는 이름을 가질 수 있다. 프랑스가 제1차 세계대전 이후 다른 지역의 거품 와인에는 샴페인이라는 이름을 사용하지 못하도록 협정을 맺었기 때문. 그래서 같은 거품 와인도 스페인에서는 카바|Cava|, 이탈리아에서는 스파클링 와인|Sparkling Wine|이라고 부른다.

샴페인은 생산연도가 있는 것과 없는 것으로 구분한다. 특정한 생산연도를 표기하는 빈티지|Vintage| 샴페인은 해마다 제조하는 샴페인 중에서 특별히 포도 작황이 좋은 해에만 만드는 스페셜 에디션이다. 빈티지 샴페인은 평균 10년에 3~5차례 정도 생산된다. 반면, 전체 샴페인 생산량 중 85%를 차지하는 논 빈티지 샴페인은 블렌딩|Blending|이 특징이다. 여러 해에 제조한 와인을 섞어

서 각 샴페인 회사의 독특한 맛을 만들어 내기 때문이다.

샴페인을 따는 순간 솟구치는 거품은 축제나 즐거움, 영광의 동의어다. 프랑스는 물론이고 영국, 러시아의 왕들은 샴페인으로 귀한 손님을 접대했다. 자동차 경주대회 우승자가 시상대에서 샴페인을 터뜨리는가 하면, 뉴욕 월스트리트 주식시장은 연말에 장을 마감하면서 샴페인을 터뜨린다. 병 위로 솟아오르는 거품과 이어지는 잔잔한 생동감, 그리고 병 속에서 피어오르는 맑고 영롱한 기포가 어우러진 샴페인은 실로 와인의 귀족이라 불릴 만하다.

28 중국의 명주, 약미주

중국요리에서 술은 어림잡아 4,000년의 장구한 역사를 자랑한다. 오랜 세월에 걸쳐 무르익은 빛깔과 향기는 술의 깊이를 더해간다. 중국의 술은 쌀, 보리, 수수 등의 곡물을 원료로 하며 그 지방의 기후와 풍토에 따라 만드는 법이 각기 다르다. 그래서 같은 원료로 만드는 술도 각각의 독특한 맛을 지닌다. 추운 북방지역은 독주, 남방지역은 순한 양조주가 발달했으며, 산악 등의 내륙지역에서

는 초근목피를 이용한 한방 혼성주를 즐겨 마신다. 깊은 역사에 비례하여 술의 종류 또한 4,500여 종에 달하며, 전국 평주회를 개최하여 금메달을 받은 술을 '명주' 라 칭한다. 중국 정부에서는 8대 명주에 붉은색의 띠나 리본을 표시하여 중국 명주임을 알린다.

중국 명주의 대표 격인 약미주는 각종 약재와 초근목피를 넣어 만든 술로써 오갈피주, 죽엽청주, 장미주, 보주, 녹용주 등이 유명하다. 그중 죽엽청주는

1,400년 전부터 유명한 양조산지로 알려진 행화촌의 양미주다. 고량을 주원료로 녹두, 대나무 잎 등 10여 가지의 천연 약재를 사용한 술로, 연한 노란빛을 띠며 향기롭고 풍미가 뛰어나다. 한 입 머금으면 탁 쏘는 첫 맛이, 그 다음은 단맛이 입 안에 퍼진다. 도수 48~50%의 죽엽청주는 혈액을 맑게 순환시키고 간, 비장의 기능을 상승시키는 작용을 하여 정력 유지에 좋은 술로 유명하다. 불로장생주로 불리는 오갈피주 五加皮酒 는 고량주를 기본 원료로 하여 목향과 오갈피 등 10여 종류의 약초를 넣고 발효시켜 맛을 낸 술이다. 알코올 도수 53% 정도이고 색깔은 자색이나 적색이다. 신경통, 류머티즘, 간장 강화에 약효가 뛰어나다.

29 사이다는 사과술

우리나라에서 사이다 Cider 는 구연산, 감미료, 탄산가스를 넣어 만든 청량음료 Soda pop 를 말한다. 너무도 당연하게 우리가 사이다라고 부르고 마셨던 탄산음료가 사과를 발효하여 제조한 일종의 과실주로서 알코올 성분이 1~6% 정도 함유되어 있는 사과주를 말한다니 실로 놀랍다. 이러니 외국에 나가서 사이다를 주문하면 종업원들이 고개를 갸웃거리는 모습을 마주할 수밖에. 게다가 사이다라는 술 이름도 잘 알려지지 않아서 모르는 사람은 의아해 할 수 있다. 외국에서는 일반적으로 '세븐 업'이라는 상표로 주문해야 톡톡 쏘는 우리 식의 사이다를 맛볼 수 있다. 우리가 탄산음료를 왜 사이다라고 부르게 되었는지 확실한 근거는 알 수 없지만 옛날에 사과주를 이용하여 만들었던 샴페인 같이 거품 나는 술이 일본에 소개되면서 톡톡 쏘는 음료를 사이다라고 부르게 되었다

는 설이 유력하다.

　　사이다는 '하드 사이다', '소프트 사이다', '애플와인'으로 나눌 수
있다. 하드 사이다는 사과주를 발효시켜 알코올 농도가 그다지 높지 않은 사과
주를 말하고, 소프트 사이다는 발효시키지 않은 사과 주스를 말한다. 애플와인
도 같은 사과주지만 사과 주스에 설탕을 더 넣어 발효시킨 것으로, 알코올 농도
가 와인 정도인 술이다.

　　사과주인 사이다에는 적포도주나 녹차와 마찬가지로 산화 방지 성분이
다량 함유돼 있어 건강에 유익하다. 대표적인 산화 방지 성분인 비타민 C, E,
베타카로틴 등이 들어있으며, 이 성분은 암이나 노인성 치매를 불러일으키는
세포 파괴를 막는 데 도움을 준다.

30 독일의 과일주 천국, 뷰텐베르크

독일의 바덴 뷰텐베르크[Baden Wuetenberg] 주의 뷔엘[Buehl] 지방은 맛 좋은 자두가
많이 생산되는 지역이다. 원래 삼을 경작하여 벌어들인 수입으로 살아가던 고장
이었지만, 19세기에 들어서면서 주 생산품이 자두로 바뀐 것이다. 매년 9월이면

이 고장의 상징인 자두 축제가 벌어지는데, 마
을 사람들만의 축제였던 것이 1921년부터는
관광객과 함께하는 행사로 발전하게 되었다.

　　이 고장 사람들은 과일주를 많이 마
셨다. 아침밥을 먹었다고 과일주를 마시고, 점
심과 저녁식사를 했다고 과일주를 마셨다. 또
감기에 걸렸다고 마시고, 보름날이라고 마셨
다. 그야말로 밥 먹듯이 과일주를 마신 것이
다. 이렇게 과일주를 마실 핑계는 항상 있었는

데, 무엇보다도 <u>사랑의 고뇌가 있을 때 슬픔을 푸는 첫 번째 방법이 과일주를 마</u><u>시는 것</u>이었다. 과일주는 사과, 배, 자두 등으로 만들고, 그중에서 버찌주가 유명하다. 작은 버찌를 일일이 손으로 딸 수 없기 때문에 기계로 나무를 흔들어 떨어진 버찌를 땅에서 주워서 버찌주를 담갔다. 이 지역에서의 과일주의 생산은 1726년으로 거슬러 올라간다. 이웃 도시 스트라스부르크|Strassburg, 현재의 프랑스 지역|의 주교였던 로한이 관할 구역의 농부들에게 빈 집을 주어 남아도는 과일로 술을 담그게 한데서 시작되었다고 한다. 이 고장의 과일주 담그는 방법은 아주 간단하다. 과일에 엿기름을 섞어 발효시키고 불을 때서 증류하고 맛보면 끝. 그 이후 과일이 많이 나던 이 고장은 독일 과일주 생산의 중심지가 되었으며, 지금도 900여개의 과일주 공장이 있다.

술 기네스북

● 맥주를 가장 빨리 마신 사람 : 2ℓ를 6초에 마신 영국의 어도데스델.
● 맥주를 가장 많이 마신 사람 : 18세부터 맥주를 마셨다는 영국 버밍엄의 헤리힛 부르스크 부인으로, 91세까지 519만㎖를 마셔 하루 평균 960㎖라는 기록을 세웠다.
● 금주의 역사 : 1908년부터 1934년까지 26년 동안 술을 마실 수 없었던 아이슬란드가 1위. 2위는 미국|13년|, 3위는 소련|10년|.
● 가장 오래된 양조 회사 : 1040년에 설립한 독일 뮌헨의 바이헨 슈테판 사.

part 4

우리나라 지역별 약용주, 과실주

세계 어느 곳에서나 그 나라 풍토에 따라 고유의 술, 전통주가 전해진다. 우리에겐 당연히 쌀을 원료로 한 술이 계승·발전되었다. 코로 향을 맡고, 입에 지그시 머금고, 혀로 맛을 감지하면서 목 안으로 넘기는, 그리고 입 안에 남은 뒷맛까지 새기게 되는 우리의 전통주 중 명성 자자한 지역별 약용주 및 과실주를 소개한다.

31 서울 송절주

〈규합총서〉와 〈임원십육지〉에 의하면 송절주는 구안와사의 원인인 풍사에서 오는 담을 없애고 원기를 회복한다는 신비의 술. 빚어지기 시작한 기원은 정확하지 않으나, 조선 말기 실학자 서유구의 형수 빙허각 이씨가 지은 부녀 생활지침서인 〈규합총서〉 등에 소개된 것으로 미루어 조선 중엽 이전부터 빚어진 것으로 추정된다. 조선 선조 때의 충경공 이정란 장군의 14대손 필수의 부인 허

성산을 통해 그의 며느리 박아지에게 전수되어 88 서울 올림픽을 즈음하여 10여 종의 민속주와 함께 서울 지역의 무형문화재 2호로 지정되었다.

처음 밑술을 담그는 것에서부터 시작해 은은한 솔향기가 피어나는 제 맛을 내기까지 한 달여의 기간이 걸리는 송절주는 전의 이씨 집안의 가양주로 전해지고 있다. 소나무 가지가 퍼져가는 솔 마디[松節]를 주원료로 빚어 은은한 솔향기와 함께 씁쌀하고 새콤한 맛이 일품. 알코올 도수 16도로 그리 독하지 않은 이 술은 뒤끝이 깨끗할 뿐 아니라 당귀, 속단 등의 한약재와 솔 마디의 고유 성분이 어우러져 신경통, 관절염 등에 효과가 있는 것으로 전해진다. 그러나 현재 생산이 중단되어 일반인들은 송절주를 마실 기회가 없다. 알코올 농도 16도의 순한 송절주는 유통과정에서 변질되기 쉬워 독특한 술맛을 전하기 어려웠기 때문. 술맛은 물맛인데, 이제 서울 물로는 제대로 된 술맛을 낼 수 없다는 것이 송절주의 마지막 전수자 이성자 씨의 말이다. 서울 무형문화재로 지정된 이상, 타 지역에서는 만들 수 없기 때문에 현재는 충북 옥천에서 송절주의 알코올 성분을 증발시킨 증류주 '흔주'로 대신 생산되고 있다.

32 파주 감악산 머루주

머루주야말로 한국의 전통 와인이다. 수입 와인이 넘쳐나지만 한반도의 포도주 역사 또한 결코 짧지 않다. 포도주가 처음 등장한 문헌은 〈고려사〉 충렬왕 편. 고려 충렬왕 28년|1032년|과 34년|1308년|에 '원나라 황제가 왕에게 포도주를 선물로 보내주었다'고 나와 있다. 그때 처음 고려 왕실에서 수입 포도주를 맛본 셈이다.

한반도에서 포도주를 빚은 것은 그 이후로 추측된다. 조선시대의 포도주는 누룩과 찹쌀밥, 포도즙이 함께 들어가는 방식이었다. 〈동의보감〉에 보면 '익은 포도를 비벼서 낸 즙을 찹쌀밥과 흰 누룩에 섞어 빚으면 저절로 술이 된다. 맛도 매우 좋다. 산포도도 무방하다'고 되어 있다. 조선 후기에 쓰인 〈양주방〉에는 포도주를 빚는 방법에 대해 좀 더 상세하게 설명되어 있다. 하지만 더 근본적인 차이는 원료에 있다. 조선시대의 포도나무는 잎이 다섯 갈래인 까마귀머루다. 포도를 잘 그리는 황집중|1533~?|의 〈묵포도도〉를 보면 알 수 있다. 또 신사임당의 포도 그림도 한 개의 포도송이 안에 검붉게 익은 포도와 익지 않은 포도가 함께 있는 것으로 보아 머루로 여겨진다. 포도는 한 송이에 매달린 알맹이가 한꺼번에 익고, 머루는 드문드문 익는 특성을 가지기 때문. 이것으로 조선시대 포도주의 원료는 머루임을 짐작할 수 있다.

파주 감악산 머루주는 한국식 전통 와인의 대를 잇는 대표주자. 머루는 야산에서 자생하는 식물로 그 수확량이 많지 않았으나 1990년 경기도 파주시 적성면에서 서우석 씨와 인근 농가에 의해 대량 인공 재배에 성공했다. 1995년 농림부로부터 전통식품으로 지정되어 현재 감악산|675m| 깊은 산속에 자생하는 야생 머루인 새머루에 포도를 교배

시켜 만든 개량 머루를 재배하고 있다. 감악산 머루주는 다단계의 여과 과정과 5년간의 저온 숙성을 통해 산머루 특유의 맛과 향을 느낄 수 있고 발효와 숙성으로 인해 인체에 유익한 성분을 담고 있다.

33 용인 옥로주

옥로주의 뿌리는 중국으로부터 전해져 고려시대를 거쳐 조선조 순조 때 왕실에 진상했다는 기록까지 더듬어 볼 수 있다. '옥로주'는 증류할 때 증기가 액화되어 마치 이슬처럼 한 방울씩 맺혀 떨어진다고 하여 붙여진 이름으로, 유씨 가문에서 만들어 마시던 가양주다. 1960년경 전북 남원에서 유해룡 옹이 소화 기능 개선을 위해 민간약재로 빚어 지리산 화개장터를 통해 처음 민가에 보급하면서 널리 알려졌다. 최초로 빚어진 전북 남원에서, 경남 하동에 이어 경기도 군포시 당정동으로 옮겨졌다가 1993년 무형문화재로 지정되어 현재 용인시 백암면 박곡리 대덕산 계곡에서 만들어지고 있다.

청결한 백미와 연천의 율무가 옥로주의 기본 재료. 여기에 물맛이 좋은 대덕산 지하 120m의 암반수를 보태고 누룩을 섞어 14일 정도 발효시키면 은은한 녹색 곡주가 만들어진다. 마지막으로 고리를 얹은 토고리라는 항아리에 곡주를 부어 장작불로 때면 한 방울씩 고리 끝부분에서 맺혀 떨어지는 술이 옥로주다. 알코올 함량은 45%로 다소 독한 편이지만 율무의 향이 목젖을 타고 부드럽게 넘어가는 맛이 일품이라 숙취가 없을 뿐 아니라 위장을 보하고, 피부를 매끈하게 만드는 효과가 있다.

34 충북 청주 대추주

대추주는 작은 마을에서 주민들의 건강을 지켜온 약주다. 삼국시대 토성으로 축조되었다가 조선 숙종 42년에 석성으로 개조된 충북 청주시 산성동 상당산성의 한옥마을에는 대추나무가 많아 집집마다 대대로 대추주를 빚어 왔다. 이 지역 사람들은 누룩에 대추와 인삼, 솔잎 등을 넣고 찐 쌀밥을 버무려 만든 대추주를 위장이 약해지거나 여름철에 원기가 부족할 때 약술로 마셨다. 대추주는 대추의 은은한 향과 누룩 특유의 냄새가 적절히 조화를 이루고, 여기에 솔잎 향과 쌉쌀한 인삼의 맛이 어우러져 그 고유의 향미가 완성된다.

대추는 한방에서 감초에 버금갈 만큼 널리 쓰이는 약재. 이처럼 으뜸 과실로 담근 청주의 토속주인 대추주가 명주 중의 명주로 인정받는 것은 당연하다. 대추주는 예로부터 체력이 감퇴되는 것을 막고 근력을 강화시키는 약용주로 널리 음용되었으며 강장, 내장 및 제 기관의 강화, 통증 완화에 탁월한 효능을 지니고 있다. 또한 과민증을 치료하고 이뇨제로 쓰인다. 또 대추 고유의 성분인 비타민 A, B, C, K, P, 세로토닌 등의 영향으로 모세혈관을 강화하여 뇌출혈, 뇌졸중, 방사선 장애에 효과가 크다.

35 충남 당진 두견주

봄을 여는 진달래술, 두견주는 국가 중요 무형문화재 86호로 고려 궁중에서 애용했던 약용 술이다. 〈산림경제〉, 〈임원십육지〉, 〈동국세시기〉에 술 빚는 법과 재료 등이 기록되어 있다. 전국적으로 빚어졌던 술이지만 특히 당진 두견주와 김천 두견주가 유명하다. 진달래꽃을 가향제로 쓰는 진달래술은 꽃에 꿀이 많아 술에 단맛이 많이 들어 '강주' 라고 불리기도 한다.

고려왕조 개국공신 복지겸의 딸이 충남 당진군 면천의 아미산에서 백일 기도 끝에 산신령의 계시로 두견화와 찹쌀, 샘물로 술을 빚어 앓고 있던 아버지 의 병을 낮게 했다는 당진 두견주에 관한 전설이 전해져 오고 있다. 이로부터 아 미산의 진달래와 안샘에서 솟아오르는 물로 빚은 두견주가 명약으로 칭송되었 다. 충남 당진군 면천면 일대에서는 아주 오랜 옛날부터 진달래로 술을 담가먹었 다. 진달래가 만발한 음력 3월이면 아미산 등 면천 일대 야산에는 붉은 핏물이 번지듯 진달래가 만발한다. 그러면 동네 아낙들은 커다란 꽃바구니를 하나씩 들 고 술 담글 진달래 꽃잎을 땄다.

아무리 척박한 땅이라도 잘 자라는 토종 꽃 진달래는 질긴 꽃이다. 가지 를 꺾어주면 오히려 꽃이 더 많이 핀다. 푸른 꽃줄기 심지 속에 박힌 근성은 장미 가시보다도 독하다. 이러한 꽃의 특성은 술로 담갔을 때도 그 진가를 발휘한다. 봄 햇살 안주에 진달래술 한 잔이면 픽픽 쓰러진다는 옛 어른의 말이 무색하지 않을 정도로 두견주는 독하다. 두견주는 단맛과 점성이 있고 향취가 좋은 술로, 매운맛이 도는 알코올 농도 19도의 고급술이 다. 하루에 한두 잔 마시면 류머티즘, 요통, 해열 등의 치료에 효과가 있다.

원료로 들어가는 진달래꽃은 4월 초 순에서 중순 사이에 따서 건조시켜 두었다가 일년 내내 사용한다. 이때 꽃은 서서히 말려 야 향기가 좋고 술도 맑아진다. 진달래꽃을 지나치게 많이 넣으면 술 색깔이 붉어지는 데, 약주로 마시려면 충분히 넣는 것이 좋다.

36 금산 인삼주

우리나라 문헌에 인삼주가 처음 등장한 것
은 〈임원십육지〉이다. 약용주의 으뜸인 인삼주에
대해 〈임원십육지〉 제5권 〈정조지〉에는 '찹쌀, 누룩,
물, 인삼으로 빚은 약술, 인삼을 가루 내어 누룩, 찹쌀과 함께 일
반적인 방법에 따라 빚거나, 인삼 가루를 주머니에 담아 술독에 담갔다가 끓여서
마신다'고 기록되어 있다. 1578년 명나라 이시진이 지은 〈본초강목〉에도 인삼주
빚는 방법이 소개된다. 우리나라에서 이미 16세기 말 이전부터 인삼주를 빚어 마
셨으며, 제조 방법도 요즘과 마찬가지로 발효 인삼주와 가공 인삼주로 나뉘었음
을 알 수 있다. 다만 값비싼 고급 약재였던 인삼주는 사회 특권 계층이나 일부 부
유층에서 약용주로 빚어 마셨을 뿐 일반화되지는 못했을 것이라는 짐작을 할 수
있다.

개성 인삼이 고구려 인삼을, 풍기 인삼이 신라 인삼의 맥을 잇고 있다면
금산 인삼은 백제 인삼의 특성이 그대로 담겨져 있다. 금산 인삼주에는 약효가
가장 뛰어나다는 5년근 이상의 인삼을 사용한다. 또 침전주가 아닌 전통 발효주

로, 오래 숙성할수록 향과 맛이 더해져 술의 질
이 더욱 좋아진다. 100일간의 제조 기간을 거
쳐 탄생하는 금산 인삼주는 유기산, 무기질, 비
타민 등이 매우 많이 들어있고 유기산의 일종
인 젖산이 다량 함유되어 인체에 이로운 작용
을 한다. 술을 마셔도 숙취로 인한 어려움이 없
으며, 식욕이 떨어지고 위장 기능이 약한 사람
에게 권할 만한 술이다. 또 신진대사가 원활하
지 않거나 저항력이 약한 사람에게도 좋다.

37 충북 제천 · 단양 옥미주

옥미주는 100여 년의 세월 동안 충북 단양지방 평남 문씨 가문의 맏며느리에게 전수되어 온 가양주다. 관혼상제나 큰 행사 때 쓰이던 옥미주는 현재는 안양에서 관광 민속주로 지정받아 상품화되고 있다. 옥미주는 잘 여문 옥수수와 현미를 어울려 빚는다 하여 붙여진 이름으로, 그 이름 그대로 '구슬처럼 아름다운 술' 이다. 알코올 도수는 11도 정도다. 옥미주는 담황색 빛깔에 그윽한 향과 독특한 맛을 지니며 그 취기도 은근히 올라 서서히 깊게 취한다고 한다. 옥수수 누룩으로 술을 담그고 숙성시킨 후 오랫동안 끓여 맑은 액정만 모아 오래도록 담가두면 그 맛이 일품이다. 일설에는 옥미주 중에서도 까다롭게 정제하고 오래 묵은 술을 백미주白眉酒 혹은 분답주紛踏酒 라고 부른다고 한다. 사람이 오고가는 문설주 밑에 오래 묻어두어야 제 맛이 난다는 뜻으로 붙여진 이름이다.

옥미주는 천연 원료인 현미, 옥수수, 고구마, 엿기름, 누룩의 5가지 곡물을 원재료로 하여 빚는다. 깊고 순한 맛을 내며 피부 미용과 동맥경화 예방에도 좋다. 특히 술이 깬 후에도 갈증은 물론 두통과 숙취가 없어 건강에도 득이 되는 서민적인 약주다.

38 강원도 평창 서주|감자술|

러시아의 명주 보드카 역시 감자를 주원료로 한 술이다. 스웨덴의 스납스, 핀란드의 코스텐코르바도 감자로 만들어진다. 그렇다면 한국에는? 강원도 평창에 서주|감자술|가 있다. 강원도의 대표적인 특산물은 감자다. 특히 하지 감자가 아니고 5월에 심어 10월에 거둬들이는 가을 감자인데, 고랭지에서 재배되기 때문에 퇴화가 덜 돼, 이듬해 씨감자로도 쓸 수 있을 만큼 품종이 좋다. 감자는 조선 전기

에 전래되어 화전민의 구황 식품으로써 주식으로 권장되었다. 이로 인해 감자를 이용한 온갖 먹거리가 생겨나고, 먹고 남은 감자를 술로 빚게 된 것. 예전에 빚었던 감자술은 감자밥을 지어 엿기름을 넣고 당분으로 만든 뒤 누룩을 섞어 발효시킨 탁주였다고 한다.

감자술은 일제시대에 잠시 맥이 끊기기도 했으나 구전으로 민간에 전해왔다. 알코올 도수 11도로, 감자 특유의 담백하면서도 아릿한 단맛이 나 와인과 마찬가지로 뒤끝이 깨끗하고 은은하게 취하는 것이 특징이다. 현재 강원도 평창에서 만들어지는 서주는 막걸리처럼 탁하고 걸쭉한 술이 아니다. 탁한 성분이 밑으로 가라앉아 담황색의 맑은 술이 위로 뜰 때까지 숙성시킨 약주로 상품화되었다. 서주는 비타민 C뿐 아니라 칼륨, 인산 등이 풍부한 '땅속의 사과'인 감자로 만든 와인이다. 또한 알칼리성 발효주기 때문에 산성 체질화 되어 있는 현대인에게 매우 적합한 술이다.

39 안동 소주 & 송화주

고려를 침략했던 징기스칸이 남긴 것은 약탈의 상흔뿐 아니라 증류주의 대표 격인 소주 문화다. 몽고의 기지로 이용되었던 개성, 안동, 제주에서는 소주 제조법이 보급되었으며, 특히 안동에서 만들어진 소주가 유명해 전국적으로 퍼졌다. 안동 소주는 은은한 향취와 감칠맛이 뛰어난 순곡주로, 45도의 높은 알코올 도수를 가진 술이다.

안동 소주와 함께 무형문화재로 지정된 안동의 민속주, 송화주. 안동 송화주는 기품 있는 양반의 술이다. 아직 상품화되지 않은 채 유학자의 종가에서만

대대로 전승된 가양주로 집안 제사와 손님 접대를 위해 종가 맏며느리들의 정성과 손맛으로 빚어진 고급술이다. 송화주는 퇴계학파의 거봉인 전주 류씨 무실파 정재 류치명|1777~1861| 때부터 제사용으로 쓰였다고 구전돼 온 점으로 미뤄 최소한 200년 이상 된 전통주다. 이름에 '송화|松花|'란 말이 있지만 송화는 사용되지 않고 찹쌀·멥쌀 등과 함께 솔잎, 국화|황국|, 금은화, 인동초 등을 재료로 쓴다.

1993년 2월 경북도 무형문화재 제20호로 지정된 송화주는 맑은 진보랏빛을 띠며 알코올 도수 15도의 청주로, 코를 편안하게 하면서도 은은한 향이 맴돈다. 입술에 대면 떫은맛이 도는가 싶다가 금방 달착지근한 맛으로 번진다. 안동 송화주는 송화를 사용하지 않기 때문에 송화 가루를 쪄서 만든 다식을 안주로 곁들이면 찰떡궁합 술상이 된다. 쫄깃쫄깃하면서도 입 안에서 잘 녹는 송하다식은 송화주 맛의 여운을 길게 남도록 해준다.

40 고창 복분자주|산딸기술|

주류계의 신데렐라로 급부상한 복분자주는 산딸기로 만드는 신운산의 특산주다. 탐스러운 진홍빛깔과 달콤한 맛과 향이 일품인 알코올 도수 19도의 복분자주는 〈본초강목〉에서 정력 강화와 정신 쇠약으로 인한 불임증을 해소하는 데 도움을 준다고 전해진다. 하지만 복분자주는 비아그라처럼 말초적인 정력에 도움을 주는 술이 아니라 뿌리가 깊고 저력이 있다. 신라 진흥왕이 부처님의 계시를 받고 선운산에 찾아가 진흥굴에서 수양하며 검단선사의 도움으로 선운사를 창건하고 왕비의 이름을 딴 도솔암을 세우면서 마셨다는 술이 복분자주다. 진흥왕이 선운

산에 온 것이 서기 572년 백제 위덕왕 24년 무렵이니 복분자주의 역사는 최소 1,400년이 넘는다.

복분자주의 효능에 얽힌 재미있는 전설이 있다. 옛날 한 늙은 부부가 대를 이를 자식이 없어 고민하던 중 늦둥이를 얻어 애지중지 길렀으나 병약하여 걱정이 컸다. 하루는 지나가던 스님이 허약한 아이를 보고 산딸기를 먹이라고 권해 꾸준히 먹였더니 튼튼해졌다. 이후 늦둥이가 오줌을 누면 요강이 엎어져 '뒤짚어진다'는 뜻의 복(覆)과 '항아리' 분(盆)자, '아들' 자(子)를 써 복분자라 불리게 되었다.

복분자의 정식 이름은 복분자 딸기이며 주성분은 포도당(43%), 과당(8%), 펙틴 등 탄수화물과 레몬산, 사과산, 살리실산, 개미산 등의 유기산, 비타민 B와 C, 그리고 카로틴, 폴리페놀, 안토시안 등이다. 복분자는 〈동의보감〉, 〈당본초〉, 〈본초종신록〉 등을 통해 항암작용, 노화 억제, 동맥경화 및 혈전 예방 등에 효능이 뛰어나고 시력과 기억력 증진에도 특효가 있는 것으로 알려지고 있다. 특히 포도주와 같은 폴리페놀 성분이 들어있어 콜레스테롤 수치를 낮추는 건강주로서 명성을 널리 떨치고 있다.

41 전주 이강주

이강주는 전라도 전주, 익산과 완주지방에 전해 내려오는 우리나라 최고급 술로서 옛날 상류사회에서 즐겨 마셨다. 그 유래는 정확하게 알 수 없으나 조선시대 중엽에 이강주의 제조가 성행되었던 것으로 추정된다. 당시 조정에서는 황해도지방과 전북지방에만 울금을 재배토록 해 왕실의 진상품으로 바치게 했는데 울금나무의 뿌리인 울금은 신경안정에 효과가 있는 약재다. <u>울금이라는 독특한 재료를 넣어 만든 이강주는 유일하게 전주에서만 만들어지고 있다.</u> 조선 후기 〈경도잡지〉와 〈동국세시기〉에는 최고의 명주로 소개되어 있고, 고종 때는 한미통상 과정에서 우리의 대표 술로 소개되기도 했다.

1987년 무형문화재로 지정된 이강주는 고장의 명산인 배[梨]와 생강[薑]을 넣고 빚었다하여 붙여진 이름이다. 은은한 계피향이 입 안에 감돌며 꿀 등이 들어가 첫 맛에 거부감이 없고 부드러우며 알싸함이 배어있다. 연노랑 빛깔의 이강주는 뒤끝 또한 맑은 술로 유명하다. 술 빛깔을 맑게 해주고 입맛을 당기게 하는 배를 비롯해 서서히 취하게 하여 위의 자극을 해소시켜 주는 생강의 건위작용, 울금의 피로회복과 중화작용, 계피의 매콤한 맛과 향기가 한데 어우러져 신체의 대사기능을 상승시켜 준다. 특히 술독을 풀어주는 뒤풀이 술로 더욱 인기를 얻었는데, 이는 이강주에 가미된 벌꿀 덕분이다. 이러한 여러 가지 이유로 이강주는 '품격이 있는 술'이라는 칭송을 얻게 된다.

42 함경도 문배주

클린턴, 옐친 등 국빈 접대용으로 유명한 문배주는 평양지방의 토속주로서 경주 교동법주, 면천 두견주와 함께 3대 국주로 불린다. 문배나무는 능금나무과의 낙엽 활엽 교목으로 봄에 흰 꽃이 피어 늦가을에 열매가 누렇게 익는 돌배나무의 일종이다. 이 과일의 크기는 자두 정도밖에 되지 않지만 그 향기는 원예종 배가 도저히 따라오지 못할 정도로 진하다. 그러나 실제로 문배주는 이 문배나 문배

꽃으로 술을 담그는 것이 아니다. 문배주는 단지 술이 익으면 향이 문배나무 과실과 같다고 하여 붙여진 이름이다.

문배주가 가진 멋과 맛의 운치를 단적으로 보여주는 이야기가 전해진다. 고려 중엽, 시인 김기원이 대동강 연광정에서 문배술로 흥을 돋우다가 시 한 줄을 짓고 한숨 돌리기 위해 옆에 앉은 기생에게 술을 따를 것을 명하고 붓을 멈추었다. 그런데 워낙 술맛이 좋은지라 동석한 시인, 화가들이 서로 다투어 마셔 마침내 문배술이 바닥나게 되었다. 이에 시인 김기원은 문배술이 없어 시흥도 없다 하고 붓을 꺾어버렸다. 결국 그의 시는 결구가 없는 영원한 미완성의 시로 남게 되었다고 한다.

문배술의 향은 중국인들이 자랑하는 마오타이의 요염한 향과는 다르다. 우리나라 특유의 청초함이 배어있다. 마시고 난 후에도 그 향기가 진하게 남는다. 문배주는 술을 마시기 전에 향을 음미하는 위스키와도 다르다. 목구멍으로 넘어가는 맛과 향, 마신 뒤에 입 안에 도는 문배 향을 음미하는 것이 제대로 문배주를 즐기는 방법이다. 문배주는 누룩, 좁쌀, 수수로 빚어진 알코올 농도 40도의 증류주로 한 해 이상 묵혀야 제 맛이 난다.

43 경남 함양 국화주

지리산의 늦가을 서리를 듬뿍 맞은 야생 들국화로 만드는 국화주는 1,500년 이상의 역사를 지닌 명주다. 국화주는 조선시대 태종 이방원이 신하들에게 즐겨 하사한 술로 알려져 있으며 TV 드라마 '용의 눈물' 등에서 수차례 방영되어 더욱 이름을 날렸다. 〈동의보감〉과 〈본초강목〉에 국화는 고혈압 방지뿐만 아니라 이뇨작용을 도우며, 근육과 뼈를 강화해 주고 눈을 밝게 해준다고 기록되어 있다. 국화주를 연명주 또는 불로장생주라고 부르는 근거도 여기에 있다. 이처럼 옛 문

헌에서도 국화주에 대해 찬사를 아끼지 않고 있듯 자양 강장제, 두통 치료제 등
으로 옛날에는 가정에서 상비약처럼 즐겨 담그던 술이다.

국화주는 음력 9월 9일 중양절에 마시는 세시 음식의 하나다. 이 날은 양
의 최고 숫자인 9가 겹쳐 양기가 가장 왕성하다고 하였다. 이 날 양반들은 국화
주를 들고 산 위에 올라 풍즐거풍|風櫛擧風|을 하였다고 한다. 풍즐거풍이란 상투를
풀고 옷을 벗어 바람과 햇볕에 몸을 노출시키는 행위다. 이와 같은 행위는 옷을
벗음으로써 몸 밖의 음기를, 국화주를 마시
는 것으로 몸 안의 음기를 내보내는 역할을
하였던 것이다.

경남 함양의 지리산 국화주는 매년
11월 꽃송이가 손톱만한 산국이나 감국을 채
취하여 생지황과 구기자, 찹쌀 등을 섞어 빚
는다. 들국화는 다년초로서 그 종류는 많지
만 그중 식용과 약용으로 쓰는 감국|甘菊|을
으뜸으로 친다. 감국은 줄기가 붉은색을 띠
며 맛이 달고 향기가 높기 때문이다. 전통적인 약주인 국화주는 국화 향기와 달
짝지근한 맛을 함께 마시는 술로, 알코올 농도가 소주보다 약한 16도 정도라서
음주 후 머리를 아프게 하는 성분이 적다.

본격 실전, 과실주 담그기 A to Z

술의 역사와 문화를 비롯하여 세계와 우리나라 지역별 과실주 등에 대한 전반적인 지식으로 머릿속을 채웠다면, 이제 직접 과실주를 만들어 볼 차례다. 집에서 쉽게 담글 수 있는 침출주의 형태로 과실주 담그는 방법을 다뤘다. 차근차근 따라하다 보면 약용으로, 선물용으로 특별한 나만의 과실주가 완성된다.

44 제철 과일이 최고

사시사철 과일이 그득한 우리나라는 과일주를 담그기에 천국이다. 물론 생활이 풍요로워지면서 제철이 아니어도 원하는 과일은 어디서나 구할 수 있다. 하지만 아무리 좋은 재배 방법으로 다양한 과일이 넘쳐난다고 하여도 하우스 재배나 저장된 과일 등은 제철에 나는 과일의 맛을 따라잡을 수 없다. 하우스 안은 기온과 습도가 높고 병균과 해충이 번식하기 쉬워 농약을 칠 수밖에 없고, 저장된 과일들은 부패 방지를 위해 약품 처리를 할 수밖에 없기 때문. 인공적으로 재배된 과일은 크기가 크고 당분이 높으며 인위적으로 익혀서 나오는 경우가 대부분이다. 반면 계절의 변화를 겪고 바람, 태양, 빗물 등 자연의 변화를 견디며 자란 제철 과일은 자잘하고 수분이 많지 않아 과실주를 담그기에 최상의 조건을 갖는다. 또 여러 자연 조건으로 인해 농약이 씻겨 나가므로 농약 걱정을 조금이나마 덜 수 있다. 단, 과일 중 수분이 너무 많이 나오는 수박이나 참외 등으로 술을 담그면 속의 내용물이 녹아내리므로 삼간다. 우리가 흔히 먹는 과일 이외에 들에서 나는 과실 열매를 이용해도 좋다. 버찌나 산딸기, 머루 등을 이용한 과실주는 맛은 물론 빛깔도 탐스러운 최상의 과일주가 된다. 또 인삼이나 더덕, 도라지, 솔잎, 오갈피, 오미자, 구기자, 두충, 마늘, 생강, 계피 등 몸에 좋은 약재 또한 술을 담그기에 좋은 재료다. 약재라도 독이 있거나 덜 마른 것은 피할 것.

봄 매화주, 진달래주, 민들레주, 아카시아주, 딸기주, 방울토마토주, 보리수주, 오렌지주, 셀러리주

여름 앵두주, 살구주, 오디주, 매실주, 버찌주, 자두주, 복숭아주, 복분자주, 포도주, 머루주

가을 무화과주, 사과주, 탱자주, 배주, 다래주, 석류

주, 모과주, 키위주, 체리주
겨울 & 사계절 귤주, 금귤주, 유자주, 바나나주, 레몬
주, 멜론주, 자몽주, 파인애플주

45 과일 선택법

과일은 제철에 나오는 신선하고 <u>잘 익은 완숙과 숙성이 덜된 비완숙 과일을 8:2</u>
<u>의 비율로 준비하여 담그는 것이 가장 이상적이다.</u> 완숙 과일을 고를 때는 많이
익어 무른 과일이나 시들시들한 떨이 과일보다는 빛깔 좋고 모양 좋은 과일을 택
하고 상하거나 벌레 먹은 부분은 도려낸다. 포도는 껍질의 색이 짙고 알맹이가
터질 듯이 팽팽한 것을 고르고, 사과나 자두 등은 빨갛게 잘 익은 것으로 골라 담
가야 설탕을 따로 넣지 않아도 술맛이 달고 부드러워진다. 약간 덜 익은 과일을
20% 정도 넣는 이유는 비완숙 과일의 새콤한 맛이 소주의 단맛과 어우러져 술맛
이 산뜻해지기 때문.

생과일로 담그는 방법이 가장 대중적이지만, 제철과 상관없이 나오는 식
용 꽃이나 말린 과일을 이용하면 일년 내내 어느 때나 과일주를 담글 수 있다. 말

린 과일은 국내산이 아닌 수입된 희귀 과일
이 종류별로 다양하기 때문에 독특한 술을
만들기에 활용도가 훨씬 높다는 장점이 있
다. 또 말린 과일은 수분이 적어 과일주를 처
음 담그는 사람도 실패할 확률이 적다. 단,
말린 과일은 자체의 단맛이 농축되어 있긴
하지만, 과일 특유의 신맛이 없기 때문에 술
을 담글 때 레몬 등을 함께 넣어야 새콤달콤
한 맛을 낼 수 있다.

46 물기 제거

과일주를 담글 때 어떤 과일을 골라야 하는지, 몇 도의 술로 담그는지, 어떻게 보관하는지 만큼이나 중요한 과정이 과일을 깨끗이 닦는 것이다. 과일은 깨끗이 씻어서 물기를 완전히 거둔 상태에서 담가야 방부 효과가 뛰어나 과실이 쉽게 무르지 않기 때문이다. 농약이 닿지 않고 자연에서 채취한 열매나 유기농 과일이라면 체에 담아 흐르는 물에

먼지만 씻어내면 된다. 껍질을 깎아서 과육과 과즙만으로 술을 담그는 경우는 상관없지만 오렌지, 레몬, 귤 등과 같이 껍질을 함께 넣고 담그는 과일은 표면을 깨끗이 씻는 것이 무엇보다 중요하다. 오렌지나 레몬 등은 껍질이 쉽게 상하는 것을 방지하기 위해서 반짝반짝 광택이 나는 왁스 처리를 해놓는데, 이것을 완전히 제거해야 한다. 먼저 굵은 소금을 도마에 수북이 쌓은 뒤 그 위에 과일을 얹고 문질러 왁스를 벗겨낸 다음 흐르는 물로 여러 번 헹군다. 파인애플을 껍질째 넣고 담글 경우, 수세미를 이용해서 닦아도 좋으니 겉면에 있는 먼지 등을 깨끗하게 닦아야 한다. 크기가 작은 과일은 손으로 박박 문지르면 뭉개질 수 있으므로 체를 받쳐 간간한 소금물이나 과일 전용 세정제, 식초 등을 이용해 깨끗이 씻는다.

　　과일주용 과일을 씻을 때는 흐르는 물에 보통 4~5회 정도 헹궈 이물질을 완전히 없애고 물기를 털어낸다. 그런 다음 구멍이 송송 뚫린 채반에 받쳐 물기를 털어내고 마른 거즈나 키친타월로 한 알 한 알 물기를 닦아줄 것. 수분이 많은 과일은 술이 되는 과정에서 수분이 나와 알코올 농도를 낮춘다. 이로 인해 술이 쉽게 변질되기 쉽다. 그러므로 수분이 많은 과일로 술을 담글 때는 건조가 생명. 완벽하게 건조시켜 알코올 도수가 낮아지지 않도록 해야 한다. 술을 담을 용

기 또한 물기를 완전히 없애야 한다. 술을 붓기 전에 용기를 끓는 물에 깨끗이 소독한 다음 바짝 말려 사용하는 것이 바람직하다.

47 과일 손질법

과일 종류가 셀 수 없이 많은 만큼 처음 과일주를 담그는 사람이라면 대체 껍질을 벗겨야 하는지, 씨를 빼야 하는지, 통째로 담가야 하는지, 잘라서 담가야 하는지 등 과일 손질 과정에서 궁금증이 끝도 없이 생길 것이다.

일단 귤이나 레몬처럼 껍질이 두꺼운 과일은 껍질을 벗기거나 둥글게 썰어 담근다. 또는 위쪽과 아래쪽을 잘라서 과즙이 밖으로 잘 나올 수 있도록 하여 술을 담근다. 단, 껍질을 모두 넣으면 쓴맛이 너무 강하게 우러나와 술맛을 해치므로 적당하게 조절하여 사용한다. 껍질은 재료를 4등분했을 때 약 1/4 정도만 넣고, 적당한 향이 우러나오는 일주일 이내에 꺼낸다. 씨가 있는 과일이나 사과나 모과처럼 잘라서 담가야 할 때는 씨를 빼고 담그는 것이 기본이나 포도나 매실처럼 알맹이가 작은 과일은 씨와 껍질을 제거하지 않고 통째로 술을 담가도 무방하다. 매실, 자두, 살구와 같이 씨와 함께 담그는 과일주의 경우라도 백일을 넘기지 않고 씨를 걸러주어야 한다. 그래야 씨에서 나오는 독성을 없앨 수 있다. 또 씨와 함께 오래 두면 과즙의 성분이 씨에 흡수되므로 과실주의 맛이 떨어질 우려가 있다.

건강식품으로 각광받는 매실주를 담글 때 사용하는 청매실은 숙성이 덜 돼 단단하다. 그래서 익으려면 시간이 오래 걸린다. 이쑤시개로 매실에 구멍을 내면 과즙이 빨리 나와 술과 잘 섞이므로 숙성 기간을 줄일 수 있다.

48 꽃과 약초 손질법

꽃술은 그윽한 향뿐 아니라 병에 담아놓았을 때
의 모양새도 일품이다. 꽃을 이용하여 술을 담글
때는 활짝 핀 꽃보다는 갓 피어난 꽃일수록 향과
성분이 더 좋다. 꽃은 씻기가 어렵기 때문에 가능
하면 청정 지역에 핀 것을 채취하여 체에 받쳐 흐
르는 물에 가볍게 흔들어 씻는다. 씻은 꽃은 그대
로 체에 받쳐 물기를 뺀다. 술 만드는 용도의 꽃

은 말려서 사용하거나 생으로 사용하는데, 말려서 사용할 때는 부피가 줄어들었
기 때문에 생으로 쓸 때보다 양을 적게 넣는다.

　약재는 건조된 상태로 쉽게 구입할 수 있다. 단, 건조된 약재는 보관 기
간이나 상태에 따라 부패하거나 곰팡이가 생길 수 있으므로 잘 살펴보고 구입할
것. 약재는 먼지 등의 이물질이 많이 묻어있으므로 술 담그기 전에 깨끗이 씻어
야 한다. 단단한 재료는 문제가 되지 않지만 오미자나 산수유처럼 열매를 건조한
재료는 물에 씻으면 쉽게 물러지므로 체에 받쳐 흐르는 물에 가볍게 뒤적이며 씻
어 물기를 빼고 그늘에 말려 사용한다. 더덕이나 도라지 등의 뿌리 식물은 껍질
에 약효가 되는 성분이 많기 때문에 껍질째 담근다. 단, 껍질 부분의 주름 틈새에
끼어있는 흙이나 먼지 등을 깨끗한 솔로 흐르는 물에서 가볍게 문질러 씻은 후
사용한다.

49 희석식 소주

집에서 쉽게 담글 수 있는 침출주 방식의 과실주에는 반드시 희석식 소주가 들어
간다. 희석식 소주는 순수 알코올을 농축한 주정으로 만들기 때문에 깨끗하고 가

벼운 맛과 향을 가진 최고의 원료주다. 희석식 소주는 첨가된 꽃, 약재, 과일 자체의 향기나 맛 성분과 술 성분이 결합하여 각종 성분이나 향기, 맛을 가장 잘 우려낸다. 그러므로 희석식 소주는 위스키나 보드카, 브랜디 등과는 비교가 안 될 정도로 과실주의 원료주로 최상의 조건을 가진 술이다.

<u>과실주를 담글 때 쓰는 담금 전용 희석식 소주는 일반적으로 마시는 알코올 농도 25도의 소주보다는 도수가 높은 30~35도가 적합하다.</u> 과일 자체에 수분이 많기 때문에 술을 담그면 알코올이 희석되어 술의 도수가 20도 정도로 내려간다. 알코올 도수가 너무 낮아지면 술이 썩기 때문에 높은 도수의 소주로 술을 담가야 한다. 또 알코올 도수가 높을수록 과일 성분이 잘 우러난다.

과일과 술의 비율은 천차만별인데, 알코올 농도 30도의 소주를 기준으로 했을 때 과일의 3배가 되도록 술을 붓는 것이 일반적이다. 대형마트 등에서 술 담그기용으로 나온 1.8ℓ짜리 소주를 구입하면 되고, 물론 취향에 따라 술의 양은 가감할 수 있다. 수분이 많은 과일로 술을 담글 때는 소주의 도수를 높이거나 술의 양을 많이 부어주어야 수분에 의해 도수가 낮아져 변질되는 것을 막을 수 있다.

50 술맛 더해주는 첨가물

공들여 담근 과일주도 맛이 없으면 찬밥 신세가 된다. 맛과 향이 좋아야 더욱 귀한 존재가 되고 뿌듯한 자랑거리가 되며, 상비약으로 대접을 받는다. 과일주는 산미[酸味]와 감미[甘味]의 조화가 중요하다. 단맛은 과실 자체에서 우러나는 맛을 즐기되, 당분이 부족한 과일로 술을 담글 때만 설탕이나 과당 등을 첨가한다. 앵두, 바나나, 복숭아, 딸기, 키위 등 상대적으로 새콤한 맛이 부족한 과일로 술을 담글 때는 레몬이나 매실, 살구 등을 섞어 산미를 보충하면 산성이 강해져 술맛이 좋고 빛깔까지 더욱 고와진다. 레몬은 껍질을 벗겨 껍질과 과육을 함께 넣거나 레몬즙을 넣는다. 레몬즙은 소주 1.8ℓ 기준으로 1~2개 분량, 청매실과 살구는 15~16개면 충분하다.

　　향이 강한 과일과 향이 없는 단단한 과일을 2~3가지 섞어서 담그면 맛과 향이 조화를 이뤄 고급스러운 과실주가 완성된다. 생과일에 말린 앵두나 말린 서양자두[프룬], 건포도 등의 말린 과일을 첨가하기도 한다. 또 생과일과 같은 종류의 말린 과일을 섞어 담그면 과일주의 맛이 더 진하게 우러나 깊은 맛을 느낄 수 있다.

　　과실주를 담글 때 감초 서너 조각을 넣어도 좋다. 감초는 술의 독성을 제거하고 깊은 향을 돋우는 역할을 한다. 뿌리나 잎 같은 한약재로 만든 술은 완숙한 뒤에 꿀을 가미하면 좋다. 생약 성분과 꿀이 상승작용을 하여 맛은 물론이고 건강에 유익한 효과까지 배가시키기 때문이다.

51 단맛 보충

과실의 경우 당분이 부족하면 발효도가 낮고 또 발효되는 시간도 오래 걸린다. 당분이 부족한 과실로 술을 담글 때 설탕 등의 당분을 첨가해 준다. 하지만 당분이 들어가면 오래 보존하기 힘들고 부패하기 쉽다. 또 비타민 C, 과실주 특유의 맛과 향을 잃을 수 있다. 집에서 제조한 술을 마시고 머리가 아프다든지, 술맛이

이상하다든지, 변질된 술을 마셨다든지 하는 경우가 가끔 발생하는데, 이러한 것은 설탕 사용에서 연유하는 경우가 많다. 따라서 좋은 과실주를 얻으려면 완숙하기 전에는 설탕을 넣지 않는 것이 좋다. 굳이 설탕을 넣어야 한다면 술이 완숙되어 다른 병으로 옮길 때 설탕과 과당을 반반씩 넣거나 마실 때 시럽 등을 넣는다. 처음부터 설탕 등의 당류를 넣으면 모든 과실주의 맛이 비슷해져 제 나름의 특색이 없어져 버리는 결과를 초래하기 쉽다.

물론 단맛을 선호하는 애주가를 위한 대안은 있다. 과당이 그것. 말린 감이나 말린 포도 등의 표면에 붙어있는 흰 가루를 생각하면 된다. 과당은 백설탕과 비교하여 1.5배의 단맛이 있음에도 불구하고 그 맛이 세련되고 산뜻하다. 또한 과일의 성분을 끌어내는 힘이 설탕의 2배다. 때문에 원료의 성분을 충분히 술로 추출해 낼 수 있다. 과실주의 장점은 향기가 진하다는 것인데, 과당은 과일의 향을 더욱 높이고 유지하는 작용을 한다. 뿐만 아니라 과실에 듬뿍 들어있는 비타민이나 칼슘 등의 영양소를 파괴하지 않으며 곰팡이의 발생을 막아준다.

과일주의 포인트는 밸런스

과실주를 담글 때는 과실이나 약재 등의 재료와 30도 이상의 소주를 1:3의 비율로 혼합하여 밸런스를 유지하는 것이 중요하다. 이때 1kg을 1ℓ로 생각하면 된다. 여기에 당분이 들어갈 경우 적당한 양을 첨가해 세 가지 요소가 조화를 이루어야 맛좋은 과실주가 만들어진다. 매실 1kg에 35%의 희석식 소주 3ℓ를 기준으로 매실주를 담글 때 설탕을 1kg 이상 넣었다면 그것은 부조화의 극치이다. 60~150g 정도의 설탕으로 입맛에 맞게 가감하는 것이 적당하다. 이렇게 설탕을 많이 넣고 담그면 술도, 농축 주스도 아닌 재료만 낭비하는 셈이 된다. 물을 섞지 않고서는 도저히 마실 수 없는 결과물이 만들어지기 때문.

52 보관 용기 선택법

과실주를 보관하는 용기는 플라스틱보다 유리 소재나 재래식 항아리가 적당하다. 또 알코올과 향이 날아가지 않도록 밀폐성이 높은 용기를 선택하는 것도 중요하다. 소재에 따라서는 입구가 큰 병이 필요하기도 한데, 이런 경우에는 밀폐성을 높이기 위해서 속 뚜껑이 있는 것을 사용하는 것이 바람직하다. 그것만으로 불안한 경우에는 랩으로 용기 입구를 덮고 고무줄이나 테이프 등으로 공기가 통하지 않도록 묶어서 열리지 않도록 보관한다. 또는 양초를 녹여 뚜껑 가장자리의 공간을 메워 완벽하게 밀봉하는 것도 방법. 반드시 과실주 전용의 용기가 아니더라도 모양이나 크기에 따라서 커피나 잼 등의 빈 병을 이용해도 상관없다. 이런 경우에는 반드시 밀폐성이 좋은지를 확인하고 사용한다. 빈 병 중 기름, 식초, 소스, 장류 등을 담아두었던 용기는 아무리 깨끗하게 씻어낸다 해도 기름기나 냄새가 남아있기 때문에 사용하지 않는 게 낫다.

　　밀봉을 위한 여러 장치도 중요하지만 그 전에 과일과 술을 적당량의 비율로 부었을 때 가득 차는 크기의 용기를 선택해야 한다. 아무리 열심히 밀봉을 하여도 빈 공간이 있으면 공기가 들어갈 여지가 생기는 것이고 그렇게 되면 알코올이 날아가 술맛이 변한다. 적당한 용기를 선택했다면 손질한 과실을 용기에 담고 소주를 붓는다. 이 단계에서 무엇을 어느 정도 분량으로 담갔는지를 제조 날짜와 함께 라벨에 적어 용기에 붙여둔다. 이렇게 해두면 껍질이나 부수적으로 첨가한 재료를 건져내는 시기, 주재료를 건져내는 시기 등을 잊지 않고 실천할 수 있으며 다음 술을 담글 때 중요한 참고 자료가 된다.

53 보관 장소 및 방법

일반적으로 가정에서 만드는 과실주나 약용주는 발효가 필요 없으므로 될 수 있으면 온도와 햇빛의 영향을 받지 않도록 하는 것이 좋다. 예전에는 과실주를 담은 용기를 냉암실에 보관했었는데, 그것은 온도와 광선에서 오는 부작용을 방지하기 위한 것. 완전히 밀폐되는 용기에 담은 과실주는 햇볕이 들지 않는 어둡고 서늘한 곳에 보관하여 제 맛이 날 때까지 숙성시켜야 한다. 만약 나무 상자가 있으면 밀폐용기에 담은 과일주를 상자에 넣고 뚜껑을 덮어 온도 변화가 없고 통풍이 잘되는 곳에 보관한다. 아파트의 경우, 햇볕이 들지 않는 창고나 다용도실 한구석에 과일 박스나 스티로폼 아이스박스에 술 담은 용기를 넣고 상자의 남은 공간을 신문지로 채워 뚜껑을 덮으면 냉암소와 같은 기능을 하므로 효과적이다. 마당이 있는 집이라면 밀봉한 항아리나 유리병을 서늘하고 햇볕이 안 드는 땅속에 묻어 보관하는 것이 가장 바람직하다. 과실주를 숙성하기에 가장 적당한 온도는 15~20℃ 정도로 온도 변화가 적을수록 좋다. 단, 냉장고 안은 일정하게 온도가 유지되긴 하지만 지나치게 저온이라 숙성이 되지 않으므로 과실주 보관 장소로 적당하지 못하다.

　재료를 용기에 넣어 보관하기 시작한 날부터 수일 동안은 2~3일마다 한 번씩 상하좌우로 흔들어준다. 재료가 고루 섞이면서 과실 고유의 맛이 빠지도록 가끔 흔들어주어야 술의 풍미가 일정해진다. 술을 담글 때 넣는 과실이나 약재는 조금씩 몇 번에 나누어 넣어도 괜찮다. 먼저 담가둔 재료는 그대로 둔 채 첨가하면 된다.

54 숙성 최적 기간

과실주를 숙성시키면 가장 먼저 첨가 원료가 갖고 있는 성분이 우러나오게 되며, 그 향과 맛이 술맛의 베이스를 형성한다. 하지만 재료의 종류, 숙성도, 상태에 따라 술이 완전히 익는 데 걸리는 기간은 저마다 차이가 있다. 보통 과일주는 담근 지 2~3개월이 지나면 제 맛을 내고, 약재를 넣은 건강주는 재료에 따라 차이가 있지만 숙성 기간은 3개월 전후다. 술이 잘되었을까 하는 호기심에 자주 뚜껑을 열어보거나 시음을 하면 숙성도가 떨어지는 등 숙성 진행에 지장이 생기므로 주의할 것. 앞서 말했듯 과실이나 약재로 만든 술은 대개의 경우 숙성 기간이 2~3개월이지만, 급하게 사용해야 할 경우 명시된 기간의 반 정도가 지나면, 즉 1개월 이상이 지나면 마셔도 무방하다. 하지만 과실주는 숙성 기간이 길수록 맛이 깊어지고 향과 색이 좋다는 사실을 명심하고 참고 기다리는 것이 좋다.

가정에서 담근 과실주의 숙성도는 육안으로 큰 변화를 발견하기 어렵다. 대체로 경험과 눈짐작으로 정한다. 술이 익기 시작하고 과실과 원료주가 완전 일체되어 융합된 맛을 지닐 때 완숙된 것으로 보지만, 개인의 기호에 따라 숙성도도 달라지므로 기본 숙성 기간은 지키되 취향에 따라 기간을 가감하는 노련함을 익히는 훈련이 필요하다.

과실주는 밀폐해서 차갑고 어두운 곳에 2~3개월 보관해야 제 맛이 나지만 전자레인지를 이용하는 편법으로 숙성 기간을 단축시킬 수도 있다. 과실주 재료를 유리병에 담아 랩을 씌운 다음 높은 온도에서 5분 정도 가열하면 금방 입맛 도는 술이 만들어진다.

55 숙성 후 과실 처리

대체로 재료에서 몸에 좋은 성분과 향긋한 맛이 이미 다 빠져나온 상태인데, 그 이상 원료주 안에 담가두면 과실이 오히려 술을 흡수하거나 필요 이상의 성분과 향미가 빠져나와 산화되면서 도리어 술맛과 빛깔을 망치는 경우가 있다. 따라서 필요로 하는 성분과 향미가 모두 우러나왔다고 생각되면 지체 없이 재료를 꺼내야 한다. 예를 들면 매실처럼 과육이 단단한 것은 숙성 후 열매를 건져내지 않아도 되지만, 포도나 자두와 같은 것은 시간이 경과하면 과육이 뭉그러져 술을 탁하게 하므로 건져내는 것이 좋다. 건져낸 과일 중 산미가 적당하게 남아있는 살구 등의 종류는 설탕을 넣고 졸여 잼으로 이용하면 좋고, 매실은 각종 요리에 조금씩 첨가하여 맛과 건강을 챙기는 알뜰 감각을 발휘한다.

　　재료를 오래 담가둘수록 좋은 술이 얻어지는 경우도 있다. 마늘주나 인삼주, 구기자주는 오래 둘수록 맛도 좋아지고 효과도 커지므로 장기간 담가두는 것이 낫다. 따라서 이런 재료는 원료주와 충분히 섞여 맛과 효과가 발휘되도록, 술이 완전히 숙성되어 입구가 좁은 다른 병으로 옮길 때까지 중간에 재료를 꺼내지 않는 것이 좋다.

56 여과 과정

부드럽고 으깨지기 쉬운 과실로 만든 술은 원료주 속에 오래 담가두면 빛깔이 탁해지므로 과실을 꺼내야 한다. 숙성이 다 되어 유효 성분과 향미가 빠져나와 술맛이 적당하다고 느껴질 때 과실을 꺼내고 술은 그대로 혹은 체에 걸러 다시 병에 부어 저장한다. 집에서 술을 담글 때는 숙성이 끝난 후 여과하지 않은 채 바로 병에 따라 마시는 것이 보통이다. 그냥 흔들어서 마셔도 상관은 없지만 이럴 경우 재료의 찌꺼기나 침전물이 그대로 남아있어 정성껏 만든 과실주가 제 평가를 받지 못한다. 가정용 여과기를 이용하는 것이 가장 좋지만, 굳이 전문 도구가 없

어도 고운 거즈 손수건이나 키친타월을 이용해 찌꺼기를 거르고 마시면 과실주 본연의 맛과 빛깔을 음미할 수 있다. 여과 전에 냉동실에 하루 정도 넣어서 온도를 떨어뜨리면 찌꺼기가 더 빨리 가라앉아 더욱 깨끗한 술을 만들 수 있다.

과실주는 일단 숙성한 뒤에는 맛이 변질되는 일이 없고 시일이 지남에 따라 점점 맛에 깊이가 생긴다. 보통 과실주 담그는 방법에 대한 레시피의 숙성 기간은 최저 기간이므로 좋은 술을 얻기 위해서는 최소한 6개월이나 1년 이상 두는 것이 좋다. 과실을 제거한 술은 어둡고 서늘한 장소에 두는 것이 이상적이지만, 이미 숙성이 된 상태이므로 색상이 각기 다른 병에 넣어 거실장 등에 올려두면 인테리어 소품으로의 역할도 톡톡히 한다.

fruit wine

part 6

음료처럼 마신다,
맛있는 과실주 12

6

식전주나 식후주로 곁들이는 과실주 한 잔은 식사 자리를 더 즐겁게 만들고, 건강에도 도움이 된다. 그냥 먹으면 씁쓸하지만 단맛을 첨가하면 음료보다 더 맛있는 새콤달콤한 과실주가 만들어진다. 쉽게 구할 수 있는 과일로 만드는 12가지 과실주 레시피.

57 딸기주

비타민 C가 풍부해 피로회복과 피부 미용, 식욕 증진에 효과가 있는 딸기. 하루 10개 미만의 딸기만 섭취해도 하루 필요한 비타민 C를 모두 충족시킬 수 있을 만큼 영양이 풍부하다. 술로 만들 때는 노지에서 자란 알이 작고 단단한 딸기가 가장 좋다. 또 너무 많이 익은 것은 색깔을 탁하게 만들므로 조금 덜 익은 것으로 고른다.

재료 | 딸기 600g, 설탕 200g, 레몬 또는 라임 1½개, 30% 과실주용 소주 1.8ℓ

담그는 법

하나 » 꼭지를 뗀 딸기는 흐르는 물에 깨끗이 씻은 다음 소쿠리에 밭쳐 물기를 뺀다. 물기가 없어질 때까지 두었다가 세로로 반을 가른다.

둘 » 레몬이나 라임은 가로로 슬라이스한다.

셋 » 딸기와 레몬을 물기 없는 용기에 넣은 다음 설탕을 뿌리고 소주를 부어 밀봉한다.

넷 » 직사광선이 들지 않는 서늘한 곳에서 3~4주 정도 두었다가 딸기 과육이 탈색되면 거름망에 넣어 살살 흔들어 짠다.

다섯 » 거른 술은 냉장고에 하룻밤 두었다가 찌꺼기가 가라앉으면 맑은 술만 따라 목이 좁은 병에 옮겨 보관한다.

58 살구주

살구는 자두나 복숭아처럼 당도가 높은 과일은 아니지만, 술로 담그면 맛이 더 좋아진다. 살구에는 구안인산, 주석산 등 유기산과 포도당, 자당, 비타민 B, C 등이 많이 함유되어 있어서 피로회복에 탁월한 효과가 있다. 살구주를 마시면 항

암, 고혈압, 빈혈 치료에 효과가 있는 살구씨^{|행인|}
의 유효 성분을 섭취할 수 있다.

재료 | 살구 800g, 설탕 150g, 30% 과실주용 소주 1.8ℓ
담그는 법

하나 》 살구는 완숙된 것보다는 좀 덜 익은 딱딱한 것
으로 골라 깨끗이 씻어서 소쿠리에 밭쳐 물기를 뺀다.

둘 》 보관 용기에 살구와 설탕을 켜켜이 넣은 다음 소
주를 붓고 밀봉한다. 최대한 끝까지 부어 공기와의 접
촉을 최소화할 것.

셋 》 3개월 이상 서늘한 곳에 보관한 다음 살구는 체나 거름망으로 걸러내고 원액은 다른
용기에 옮겨 담아 숙성시킨다.

TIP | 보통은 살구를 건지고 맑은 술만 담아 숙성시키지만, 건져낸 살구 중 딱딱한 것으로 몇
알 골라 병에 함께 담으면 훨씬 보기 좋고 마시기도 좋다. 살구주는 다른 술과 섞지 않고 마시
는 것이 더 맛있다.

59 앵두주

앵두는 씨에 비해 열매의 크기가 작아 그냥 먹는 것보다는 술로 담가먹는 것이 더

좋은 과실. 사과산, 유기산 등의 구연산 등이 함
유되어 있어 피로회복과 식욕 증진에 효과적이
다. 또 혈액순환을 촉진하고 수분대사를 활발하
게 하는 성분이 들어있어 부종을 치료하는 데도
쓰인다. 따뜻한 성질을 띠고 있어 몸이 찬 여성
들을 위한 최고의 술이다.

재료 | 앵두 1kg, 설탕 200g, 30% 과실주용 소주 1.8ℓ

담그는 법

하나 ≫ 앵두는 꼭지를 떼고 물로 씻어 소쿠리에 밭쳐 물기를 제거한다. 하루쯤 그늘에 두어 물기가 완전히 마르면 사용한다.

둘 ≫ 소독한 용기에 앵두와 설탕을 켜켜이 담고, 소주를 부어 밀봉한다. 직사광선이 비치지 않는 서늘한 곳에서 숙성시킨다.

셋 ≫ 3개월 정도 지나면 앵두는 건져내고 여과용 망을 이용해 걸러서 원액만 보관 용기로 옮겨 담아 다시 숙성시킨다.

TIP | 앵두를 건지지 않고 그냥 둘 경우 6개월 이상 지나면 앵두 씨에서 쓴 성분이 나와 술맛이 쌉쌀해진다. 새콤달콤한 맛을 즐기려면 앵두를 건지고, 단맛·신맛·쓴맛이 조화로운 술을 만들려면 그냥 넣어두고 숙성시킨다.

60 자두주

자두에는 유기산이 풍부하게 함유되어 있어 신맛이 강하며, 더위 먹은 데나 식중독, 이질, 설사 등을 개선하는 효과가 있다. 자두로 술을 만들 때는 알이 자잘하고 약간 덜 익은 것이 향도 좋고 맛도 좋다. 그냥 자두만 쓰는 것보다 피자두와 2:1 정도의 비율로 섞어 담그면 더 좋다. 자두주는 위장병이 있거나 허약한 사람, 소화불량인 사람에게는 좋지 않다.

재료 | 작은 자두 700g, 피자두 300g, 설탕 150g, 30% 과실주용 소주 1.8ℓ

담그는 법

하나 ≫ 자두는 깨끗하게 씻어 소쿠리에 밭쳐 물기를 뺀 다음 하룻밤 그늘에 말려 준비한다.

둘 ≫ 물기 없는 용기에 자두와 설탕, 소주를 넣고 밀봉한다.

셋 ≫ 3개월 정도 지나면 자두를 거름망에 넣고 가볍게 짠다. 술이 탁해지면 냉장고에 하루 정도 보관하여 찌꺼기를 남기고 따라낸다.

넷 》따라낸 술은 다른 병에 옮겨 담아 보관하고, 맛과 향을 부드럽게 숙성시킨다. 3개월 정도 더 숙성시켜 마시면 훨씬 향긋하고 맛있다.

61 바나나주

백혈구 생성에 필수적인 비타민 B6가 다른 과일보다 10배 정도 풍부한 바나나. <u>겨울철 바나나주 한 잔이면 면역력이 높아져 감기 예방에 도움이 된다.</u> 한국식으로 만든 바나나술은 단맛과 향이 풍부한 술로, 그냥 마시는 것보다는 다른 술과 칵테일해 마셨을 때 더욱 독특한 맛을 즐길 수 있다. 지나치게 익거나 덜 익어 푸르스름한 바나나는 맛과 향을 해치므로 사용하지 않는다.

재료 Ⅰ 바나나 500g, 라임 2개, 30% 과실주용 소주 1ℓ, 꿀 50~100g

담그는 법

하나 》바나나는 거뭇한 반점이 생기기 시작할 무렵의 것으로 골라 껍질을 벗기고 적당한 크기로 자른다. 바나나는 단맛은 강하지만 신맛이 적으므로 새콤한 맛을 내기 위해 라임을 함께 넣는다. 라임은 껍질을 벗기고 2등분한다.

둘 》물기 없는 용기에 바나나를 넣고, 그 위에 껍질 벗긴 라임을 넣는다.

셋 》소주를 붓고 잘 밀봉하여 직사광선이 비치지 않는 서늘한 곳에 보관한다. 이때 용기의 끝까지 소주를 부어야 바나나주가 갈변되는 것을 막아준다.

넷 》보름 정도 지나면 재료를 거름망에 담고 가볍게 짠다. 너무 세게 짜면 찌꺼기가 거름망을 뚫고 나와 술이 탁해지므로 살살 흔들어 짠다.

다섯 》보관 용기에 옮겨 담으면서 꿀을 가미한다. 이때도 병 끝까지 술을 담아야 갈변을 최소화할 수 있다. 2개월이 지나면 마실 수 있다.

TIP Ⅰ 바나나주는 공기와 닿으면 검게 변하므로 거를 때나 보관 용기에 옮겨 담을 때 최대한 신속하게 진행한다. 또 오래 두면 술이 탁해지므로 조금씩 만들어 냉장 보관한다.

62　사과주

민간요법에서 지사제로 활용되던 사과는 소화를 촉진시켜 주고, 변비가 있는 사람에게는 변의를 느끼게 해주는 과실. 과당, 포도당, 구연산 등의 유기산이 풍부하게 함유되어 있으며, 포도 다음으로 당도가 높아 술로 만들기 제격이다. 사과로 술을 담그면 피로회복, 식욕 증진에 도움이 되며, 은은한 향과 새콤한 맛이 잘 조화를 이룬 맛있는 과실주가 된다.

재료 | 사과 1kg, 설탕 200g, 30% 과실주용 소주 1.8ℓ, 레몬 1조각

담그는 법

하나 》 빨간 홍옥을 깨끗이 씻어 소쿠리에 밭친 다음 키친타월로 물기를 깨끗하게 닦는다.

둘 》 사과는 4등분하여 5mm 두께로 얇게 썬다. 입구가 넓은 용기에 사과를 깔고 켜켜이 설탕을 뿌려 3~5일 정도 재어 놓는다.

셋 》 설탕이 녹으면 소주를 붓고 밀봉하여 직사광선이 들지 않는 서늘한 곳에 보관한다.

넷 》 3개월 정도 지나 숙성되면 거름망으로 거른다. 입구가 좁은 병에 옮겨 레몬을 한 조각 넣어 다시 숙성시킨다. 사과주는 갈변이 되기 쉬우므로 병목까지 올라오도록 술을 담는다.

TIP | 술을 담그는 데는 새콤한 맛이 강한 홍옥이 가장 좋고, 찌꺼기를 거른 후부터 6개월 이상은 숙성시켜야 맛있는 사과주를 마실 수 있다. 그냥 마셔도 좋지만, 다른 술에 첨가해 마시면 맛과 향이 더욱 살아난다.

63　머루주

머루는 일반 포도에 비해 신맛과 단맛이 강하고 먹으면 입이 까매질 정도로 색소가 진하다. 머루의 크기는 포도알의 3분의 1. 게다가 껍질과 씨앗을 빼면 과육은

얼마 남지 않기 때문에 대부분이 머루즙이나 머루주로 이용된다. 머루는 열매 외에 잎과 줄기, 뿌리도 약효가 있어 한방 약재로 쓰인다. 단맛을 내는 포도당과 과당, 신맛을 내는 주석산과 사과당이 함유되어 있으며 비타민 B1과 C도 들어있다. 피로회복, 강장, 빈혈, 식욕 증진에 효과적. 제대로 익은 머루주는 고운 포도주와 흡사한 홍자색을 띤다. <u>그대로 마셔도 좋지만 신맛이 강하므로 입맛에 맞게 꿀이나 설탕을 가미하여 마시거나 콜라나 소다수에 떨어뜨려 마셔도 그만이다.</u> 숙성된 머루주는 시판 포도주와 섞으면 한결 격조 높은 술이 된다.

재료 | 머루 500g, 35% 과실주용 소주 1.8ℓ
담그는 법

하나 ≫ 가을에 검게 잘 익은 머루를 골라 줄기째 씻은 다음 체에 밭쳐 물기를 완전히 뺀다. 물로 씻을 때 숯을 담가두면 이물질을 빨아들여 더욱 깨끗해진다.

둘 ≫ 건조시킨 용기에 머루를 담고 소주를 부어 밀봉한 후 어둡고 시원한 곳에 보관한다.

셋 ≫ 1개월 정도 지나 열매와 씨 등을 건져내고 술은 여과하여 다른 빈 용기로 옮겨 담는다. 이것을 다시 1개월 이상 숙성시키면 진하고 향기로운 머루주가 완성된다. 완전히 익히려면 6개월 이상 두는데, 열매는 밑으로 가라앉고 술은 진한 홍자색을 띤다.

TIP | 열매를 건져내지 않고 오래 놔두면 씨의 성분이 술로 배어나와 머루주에서 쓴맛이 나게 되므로 주의할 것.

64 유자주

<u>비타민 C가 레몬의 3배나 더 들어있어 감기 예방과 피부 미용에 좋은 유자.</u> 모세혈관을 보호하는 '헤스페리딘'이 들어있어 동맥경화 예방에도 효과가 있다. 한국, 일본, 중국 3국이 대표적인 생산지인데, 국내산 유자가 껍질이 두껍고 향이

진해 술이나 차를 만들기 좋다. 술을 담글 때 사용하는 유자는 표면에 푸른 반점
이 남아있는 덜 익은 것이 적합하다.

재료 | 유자 5개, 설탕 200g, 30% 과실주용 소주 1.8ℓ

담그는 법

하나 》 유자는 깨끗하게 씻어 소쿠리에 받쳐 물기를
빼고 그늘에서 하룻밤 말린다.

둘 》 유자는 꼭지 부분을 옆으로 놓고 세로로 반을
갈라 용기에 넣은 다음 켜켜이 설탕을 뿌려 하룻밤 재
어 놓는다.

셋 》 설탕이 다 녹으면 소주를 부어 용기를 밀봉하고
직사광선이 비치지 않는 서늘한 곳에 보관한다.

넷 》 2개월 정도 지나면 알맹이를 건져내고 거름망에

거른 맑은 술을 다른 병으로 옮겨 맛과 향이 더욱 부드러워지도록 다시 숙성시킨다. 오래 두
면 껍질의 쓴맛이 많이 우러나와 단맛보다 쓴맛이 진한 술이 된다.

65 자몽주

포도송이 모양으로 열매를 맺어 '그레이프프루트'라고 불리는 자몽. 각종 유기
산이 풍부해 피로회복과 자양 강장은 물론 당뇨병 예방에도 효과가 있다. 달콤하
면서도 새콤하고 또 쌉쌀한 자몽으로 만든 술은 맛과 향이 독특해 생과일을 갈아
주는 소주방에서도 인기 만점 메뉴이다. 그냥 먹는 것보다 술로 먹으면 더 맛있
기 때문. 껍질에서 우러나는 쓴맛이 상당히 강하므로 알맹이만 사용한다.

재료 | 자몽 3~4개, 설탕 150g, 30% 과실주용 소주 1.8ℓ

담그는 법

하나 》 자몽은 껍질을 잘 벗겨 가로로 2등분해 썬다. 알맹이 겉면의 하얀 섬유질은 쓴맛을
내므로 쌉쌀한 맛을 최소화하려면 깨끗하게 벗기는 것이 좋다.

둘 》 용기에 자몽을 담고 설탕을 켜켜이 뿌린 다음 설탕이 고루 스며들도록 하룻밤 재운다.

셋 》 소주를 부어 잘 밀봉하고 직사광선이 들지 않는 서늘한 곳에 보관한다.

넷 》 50일 정도 지나면 거름망에 술을 붓고 살살 흔들어 짠다.

다섯 》 걸러진 술은 냉장고에 하룻밤 보관해 찌꺼기와 부유물을 가라앉히고 맑은 술만 따라낸다.

여섯 》 입구가 좁은 병에 옮겨 담아 맛과 향이 더 부드러워지도록 2차 숙성을 거친다.

66 오렌지주

오렌지는 비타민 C가 풍부해 피부 미용 및 피로회복에 도움을 준다. 또 오렌지에 함유된 풍부한 플라보노이드는 체내에서 유해산소의 활동을 차단하는 역할을 한다. 오렌지주는 알맹이와 껍질이 적절히 섞여야 달콤하면서 쌉쌀한 맛의 술이 만들어지며, 적당히 쓴맛과 단맛이 조화를 이뤄 식욕을 돋운다.

재료 | 오렌지 500g, 설탕 150g, 30% 과실주용 소주 1.8ℓ

담그는 법

하나 》 오렌지는 미지근한 물에 식초를 풀어 30분간 담근 뒤 굵은 소금으로 표면을 문질러 씻는다. 야채 과일 전용 세제를 사용하는 것도 좋다.

둘 》 오렌지는 껍질을 벗기고, 과육은 가로로 썰어 다시 2등분한다. 약간 쌉쌀한 맛을 즐기고 싶다면 껍질을 1/2 정도 남기는 것도 괜찮다.

셋 》 물기 없는 용기에 오렌지를 담고, 설탕을 켜켜이 뿌려 하룻밤 재워둔다.

넷 》 설탕이 다 녹으면 소주를 부어 밀봉한 후 직사

광선이 들지 않는 서늘한 곳에 보관한다.

다섯 ≫ 50일 정도 지나 거름망에 술을 붓고 살살 흔들어 짠 다음 입구가 좁은 병에 원액만 옮겨 담고 2차 숙성시킨다.

TIP | 오렌지주의 쌉쌀한 맛은 식욕을 돋워주므로 주로 식전주로 많이 이용되고, 여름철에는 얼음을 몇 알 띄워 마시면 빠르게 갈증을 해소할 수 있다.

67 체리주

체리는 벚나무에서 열리는 버찌를 말한다. 국내산 벚나무에서 열리는 버찌는 알이 작아 생으로 먹지는 못하고, 약술을 담글 때 주로 이용한다. 미국이나 캐나다에서 수입하는 체리는 알이 굵고 새콤달콤한 맛이 강해 그냥 먹어도 맛있다. 여기서 담그는 술은 마트에서 파는 수입산 체리로 만드는 것으로, 고운 붉은빛을 띠는 향기로운 술이 완성된다.

재료 | 체리 600g, 설탕 150g, 30% 과실주용 소주 1.8ℓ

담그는 법

하나 ≫ 체리는 줄기를 따고 흐르는 물에 잘 씻은 후 소쿠리에 밭쳐 물기를 뺀다. 키친타월에 체리를 올려 살살 문질러 물기를 닦아준다.

둘 ≫ 물기 없는 용기에 체리와 설탕을 켜켜이 넣은 다음 소주를 부어 밀봉한다. 직사광선이 들지 않는 서늘한 곳에서 보관한다.

셋 ≫ 2~3개월 정도 지나면 체리 속 유효 성분이 잘 우러나온다. 육안으로 봤을 때 술이 깨끗하면 체로 체리를 건지고, 찌꺼기가 보이면 거름망에 넣어 살살 흔들어 짠다.

넷 ≫ 걸러낸 술은 냉장고에 하루 정도 보관해 찌꺼기를 가라앉히고 맑은 술만 따라낸다.

다섯 ≫ 목이 좁은 용기에 술을 옮겨 담고 2차 숙성시키면 한 달 후부터 마실 수 있다. 6개월 이상 오래 숙성시키면 맛과 향이 훨씬 그윽해진다.

68 멜론주

멜론은 6~8월이 제철이지만, 요즘은 비닐하우스에서 재배하기 때문에 사계절 먹을 수 있는 과실이다. 그냥 먹으면 풋내가 나는 멜론도 술로 담그면 독특한 향이 매력적인 과실주가 된다. 멜론은 비타민 C와 포도당이 풍부해 피로회복에 도움을 준다. 칼륨이 풍부하여 염분을 배출하고, 혈압을 낮춰주며 동맥경화 예방에도 도움이 된다.

재료 | 머스크멜론 1kg, 설탕 150g, 30% 과실주용 소주 1.8ℓ

담그는 법

하나 》 멜론은 단단한 것으로 골라 집에서 3일 정도 더 익힌 후 사용한다. 배꼽을 눌러봤을 때 들어가면 바로 사용해도 된다.

둘 》 세로로 반 갈라 껍질을 벗기고, 씨를 파낸 다음 적당한 크기로 자른다.

셋 》 물기 없는 용기에 멜론과 설탕을 부어 하루 정도 재웠다가 소주를 붓고 밀봉한다.

넷 》 직사광선이 비치지 않는 서늘한 곳에서 한 달 정도 보관한다.

다섯 》 거름망에 술을 붓고 살살 흔들어 짠다. 거른 술은 냉장고에 하루 정도 보관해 여분의 찌꺼기를 침전시키고 맑은 술만 따라낸다.

여섯 》 따라낸 술은 목이 좁은 용기에 옮겨 담아 2차 숙성시킨다. 한 달 정도 지난 후부터 마실 수 있다.

TIP | 술을 만들 때는 어떤 품종이나 상관없으며, 새콤한 술을 만들고 싶다면 레몬을 한 개 첨가해도 좋다. 멜론주는 그냥 마셔도 좋지만 라임 즙과 벌꿀을 넣어 칵테일로 만들어 마셔도 맛있다.

7

part 7

병을 고친다,
보약 같은 과실주 10

몸에 좋은 각종 과실과 약제로 정성껏 만들어 인내로 익혀낸 과실주는 한 잔에 흥이 나고, 두 잔에 병이 낫는다는 신비의 명약이다. 주변에서 쉽게 구할 수 있는 재료를 이용하여 초보자도 쉽게 도전할 수 있는, 보약보다 효과 좋은 술 10가지를 소개한다.

69 만성 피로와 불면증, 대추주

대추의 주성분은 사과산과 과당으로 피로회복에 탁월한 효과가 있다. 또 불면증과 이뇨, 강장작용에도 좋고, 갈증을 없애주며 식욕을 증진시킨다. 더위를 먹어 음식을 먹지 못할 때 대추를 달여서 마시는 민간요법도 있다. 대추는 독을 제거하는 효과가 있어 한약을 달일 때 생강과 함께 몇 톨 넣으면 다른 약초의 강한 성질을 중화시키는 역할도 한다. 비위가 약한 사람에게 나타나는 설사, 복통, 두근거림, 신경질, 마른기침, 입 안이 말랐을 때 대추주를 상비약처럼 마시면 좋다. 오랫동안 음용하면 피부색이 맑아지고 몸도 가벼워지는 장수 식품으로 유명하다. 풋대추를 사용해 술을 담글 때는 추석 전후가 적기며, 마른 대추는 구하기 쉬워 수시로 담글 수 있지만, 풋대추로 담근 술이 맛이 상큼하고 향도 더 진하다. 대추주는 과실 자체가 물러지지 않아 술이 맑고 깨끗하며 하루에 소주잔으로 1~2잔 마시면 몸을 보해준다.

재료 | 마른 대추 300g, 35% 과실주용 소주 1.5ℓ
담그는 법

하나 》 마른 대추는 골 사이사이를 칫솔로 문질러 깨끗이 씻은 다음 체에 밭쳐 물기를 완전히 뺀다.

둘 》 손질한 대추를 물기 없는 용기에 담고 마른 대추 양의 5배 정도로 소주를 준비하여 붓는다. 풋대추의 경우에는 과실과 소주의 비율을 1:3으로 잡는다.

셋 》 공기가 통하지 않도록 밀봉한 다음 선선하고 그늘진 곳에 보관하여 4~5개월 정도 숙성시킨다. 대추는 육질이 단단하므로 보름에 한 번 정도 저어주면 대추 안의 성분이 잘 빠져나와 술맛이 고르게 된다.

넷 》 숙성시킨 대추주는 고운 거즈에 거른 다음 다른 빈 병에 옮겨 담는다. 오래 숙성시킬수록 맛과 약효가 좋아지므로 숙성 기간을 길게 잡을수록 호박색이나 짙은 갈색의 좋은 대추주를 얻을 수 있다.

70 피로회복, 다래주

다래는 9~10월 깊은 산에서 익는 손가락 굵기의 둥근 열매로, 빛깔은 푸르고 씨가 많으며 키위처럼 새콤달콤한 맛이 난다. 생으로 먹기도 하는데, 예부터 과실주로 많이 이용되었다. 말린 열매는 꿀에 넣고 볶아 정과를 만들어 먹기도 했으며, 가을에 채취한 다래는 햇볕에 말려 약재로 사용하기도 했다. 다래 열매로 술을 담글 땐 9~11월이 적기며 녹황색으로 잘 익고 상하지 않은 것을 골라야 한다. 다래주에는 비타민 C와 타닌 등의 성분이 많이 포함되어 있어 피로회복, 보혈작용을 하며 불면증 해소, 식욕 증진, 기력 회복, 갈증 해소에 도움이 된다.

재료 | 다래 400g, 35% 과실주용 소주 1.8ℓ

담그는 법

하나 》 잘 익은 다래 열매를 깨끗이 씻어 물기를 제거한다.

둘 》 입구 넓은 유리병이나 항아리에 다래를 담고 다래의 4~5배 정도의 소주를 붓는다.

셋 》 용기를 단단하게 밀봉하여 시원하고 해가 들지 않는 곳에 보관하여 숙성시킨다. 중간중간 한 번씩 병을 흔들어주어 재료가 잘 섞이도록 한다.

넷 》 3개월 지나 술이 익어 호박색을 띠면 풀어진 다래알과 찌꺼기를 걸러내고 입구가 좁은 병에 옮겨 담는다. 오래 숙성시킬수록 맛이 있으므로 여과하지 말고 그대로 오랜 기간 두는 것도 좋다.

71 젊음 유지, 오디주

오디는 뽕나무 열매로, 5~6월경 흑자색으로 익는다. 예부터 '상심주'라 하여 오디를 으깨어 발효시켜 술을 만들어 마셨다. 오디에는 포도당, 사과산, 카로틴 성분이 함유되어 있어 빈혈을 예방하고 진정작용을 하며 여름에 더위 먹었을 때 효과적이다. 가래를 멈추게 하고 신경통, 고혈압에도 도움이 된다. 오디주를 꾸준히 마시면 백발이 검어지며 늙지 않는다는 얘기가 전해질 정도로 몸의 저항력을 높이고 노화를 방지해 주는 자양 강장주로 그 명성이 자자하다. 별도의 감미료가 필요 없을 정도로 단맛이 강한 오디주는 익는 정도에 따라 포도색, 핑크색, 자색으로 변하면서 달콤한 술이 된다. 오디는 수분이 많아 숙성될 때까지 알코올 함유량이 많이 떨어지므로 반드시 35도 이상의 소주를 사용한다.

재료 | 오디 500g, 35% 과실주용 소주 1.8ℓ

담그는 법

하나 » 오디는 무른 것과 설익은 것을 골라내고 깨끗이 씻은 후 소쿠리에 밭쳐 물기를 뺀다.

둘 » 건조된 병에 오디를 담고 소주를 붓고 밀봉하여 햇볕이 들지 않는 서늘한 곳에 보관한다. 담근 후 5일마다 용기를 거꾸로 흔들어주어 소주에 과실 성분이 골고루 어우러지도록 한다.

셋 » 한 달 정도 지나면 충분히 익는데, 이때 고운체로 건더기를 걸러내고 맑은 여과주는 다른 병에 담아 밀봉한다. 오디는 단맛이 강하고 신맛이 적은 과실이라 날씨가 더울 때는 부패할 우려가 있으므로 빨리 마시는 것이 좋다.

넷 » 찌꺼기로 걸러낸 오디는 버리지 말고 덧술을 한다. 처음 양의 반 정도를 붓고 한 달 정도 숙성시킨 후 나머지 반을 혼합하여 보관한다.

72 식물성 호르몬, 석류주

석류는 6~7월에 꽃이 피며, 9~10월에 붉은 색으로 익는다. 석류는 여성의 아름다움과 젊음을 유지시켜 주는 여성 호르몬인 에스트로겐과 같은 기능을 하는 성분이 풍부하게 함유된 식물성 호르몬으로 각광받고 있다. 이밖에도 수용성 당질인 포도당과 과당이 풍부하고 구연산과 비타민 B_1, B_2, 미네랄 등이 균형 있게 들어있다. 석류의 열매와 껍질은 항균작용, 지사작용, 항암작용 등에 이용되며, 특히

갱년기장애, 냉증, 거식증, 생리불순, 비만 등을 해결해 주는 명약이므로 여성에게 좋은 건강주다. 그 외에도 천식, 편도선염, 토사, 숙취, 인후염, 만성 피로, 복통 등을 개선시키는 효과가 있다. 석류로 술을 담글 때는 잘 익은 완숙 열매를 사용한다. 그래야 아름다운 빛깔과 신맛, 떫은맛이 어우러진 고급 석류주가 만들어진다.

재료 | 석류 6~7개, 35% 과실주용 소주 1.8ℓ

담그는 법

하나 » 잘 익은 석류 열매를 골라야 하며, 껍질은 벗겨도 좋고 그대로 사용해도 무방하다. 석류는 깨끗한 거즈로 겉껍질의 이물질을 깨끗이 닦거나 흐르는 물에 살짝 헹구어 물기를 완전히 뺀 후 2등분한다.

둘 » 준비한 석류를 물기 없는 용기에 담고 소주를 부어 밀봉한 다음 서늘하고 통풍이 잘되는 곳에 보관한다.

셋 » 3~4개월 지나 술이 익으면 찌꺼기는 걸러내고 다른 빈 병에 여과한 술을 옮겨 담는다. 마실 때 꿀을 넣거나 다른 술이나 탄산음료 등과 섞어 마셔도 좋다.

73 눈의 피로회복, 국화주

예로부터 황국과 백국이 만개하는 9월이면 꽃과 잎을 따서 국화 향기 가득 담긴 국화술을 만들어 왔다. 건강에 좋은 불로장생주로 사랑받아 온 국화주는 고혈압이나 숙취로 머리가 무거울 때 효과가 있다고 전해지며 두통, 진통, 해열 등에도 사용된다. 강장, 현기증, 두통, 순환계나 신경계 질환을 다스리며 냉병에 효험이 있다.

　　　　　　짙은 색깔의 국화송이는 떫고 쓴맛이 강하기 때문에 술을 담그는 재료로 적절치 못하다. 국화로 술을 담글 때는 가을에 피는 국화 중 첫 이슬을 맞은 백색이나 노란색 국화송이를 사용한다. 국화는 한약재로 구할 수 있으나 납작하고 잎이 큰 중국산이 많이 수입되며 방부제가 든 것도 많으므로 잘 가려 국산 재래종으로 고른다. 국화주는 그윽한 향기가 으뜸인 귀한 술이다. 첫 맛에 약간 쌉싸래한 국화향이 퍼지는 듯하다가 달콤한 향으로 마무리된다. 국화로 술을 담글 때는 꽃잎이 술 위로 떠오르는 경우가 많기 때문에 가끔씩 흔들어 잘 섞이도록 한다.

재료 | 국화 300g(말린 국화 240g), 25~35% 과실주용 소주 1.8ℓ

담그는 법

하나 》 국화꽃은 송이째로 준비하여 시든 부분을 떼고 깨끗이 씻어 물기를 제거한다.

둘 》 소독하여 완전히 건조시킨 용기에 뭉친 꽃잎을 펼쳐 넣고 소주를 부어 밀봉시킨 후 선선하고 그늘진 곳에 보관한다.

셋 》 2개월 정도 지나면 숙성되나 장기간 보관할수록 맛이 순하고 부드러워진다. 숙성된 국화주를 마른 거즈에 밭쳐 찌꺼기를 걸러내고 술만 다른 빈 병으로 옮겨 담는다. 술맛이 지나치게 쓰면 꿀을 넣어 마셔도 좋다.

TIP | 독한 술을 좋아한다면 도수가 높은 소주를, 순하고 부드러운 술을 좋아한다면 도수가 낮은 소주를 선택한다. 생지황, 구기자 뿌리, 인삼 등을 부재료로 넣고 함께 담가도 좋다.

74 웰빙 대명사, 무화과주

꽃이 없는 열매라는 의미의 무화과는 수분 77%, 단백질 1.2%, 당분 20%를 함유하고 있는 과실로, 유기산이 매우 적고 비타민 C도 3㎎ 정도로 미량 들어있다. 무화과는 단백질 분해 효소인 피신을 다량 함유하고 있기 때문에 무화과주를 고기 양념에 넣으면 연화제의 역할을 하며, 고기를 먹은 후 무화과주를 마시면 소화를 돕는다. 섬유질, 탄수화물 등의 함량이 많아 혈액 속에 있는 유해한 콜레스테롤 수치를 낮추고 장을 깨끗이 하여 변비에 효과적이다. 무화과는 설사를 비롯한 치질, 신경통 류머티즘, 위암, 식도암에도 효과를 발휘하는 것으로 알려져 있다. 특히 무화과의 익지 않은 열매나 마른 열매, 유즙에 들어있는 항암성분은 위암, 식도암, 대장암 환자에게 특히 좋다. 단, 미숙한 것은 맛과 향이 진하지 않으므로 하부의 1/3 정도를 잘라내고 술을 담근다.

무화과주는 천연의 단맛을 즐길 수는 있지만 신맛과 쓴맛이 전혀 없어 순하고 담담한 술이다. 향미를 즐기고 싶다면 다른 과실주와 섞어서 마시는 것이 좋다. 또한 무화과는 하루나 이틀 지나면 짓물러서 못쓰게 되니 구입할 때 신선한 것을 고르고 빠른 시간 내에 술을 담가야 한다.

재료 | 무화과 1kg, 35% 과실주용 소주 2ℓ
담그는 법
　하나 》 잘 익은 무화과를 골라 표면을 마른 거즈

로 깨끗이 닦는다. 물로 씻을 때는 물기가 무화과 속으로 스며들지 않도록 조심해야 한다.

둘 》 소독하여 건조시킨 용기에 무화과를 넣고 소주를 부어 밀봉한 다음 햇빛이 들지 않는 시원한 곳에 보관한다.

셋 》 3개월 정도 지나면 술이 익는데, 육안으로 봤을 때 액체가 흐리면 무화과를 건져내고 다시 밀봉하여 보관한다.

TIP | 신맛을 가미하고 싶다면 술을 담글 때 레몬 2개를 껍질을 벗긴 후 반으로 잘라 과육만 넣는다.

75 갈증 해소, 오미자주

오미자는 신맛, 단맛, 쓴맛, 매운맛, 떫은맛 등 5가지 맛을 가졌다고 하여 붙여진 이름이다. 구하기 쉽고 가격이 저렴할 뿐 아니라 맛과 색이 금세 우러나 술 담그는 재료로 적격이다. 오미자주는 갈증 해소, 설사를 낮게 하고 뇌신경 질환, 회춘에 효험이 있으며 신장의 기능을 돕고 근육을 튼튼하게 하는 등 몸에 좋은 약용주이다. 또 과당이 풍부하게 함유되어 있어 불면증, 원기 회복, 피부 미용에 좋다. 옛 신라의 궁중에서 임금과 대신이 오미자주를 즐겨 마셨다는 기록도 있으며, 폐 기능을 보호해 주기 때문에 기침, 가래, 만성 기관지염, 인후염 등을 치료하는 데 효과가 탁월하다.

오미자주는 신맛이 특히 강하고 빛깔이 곱지만 향기가 부족하므로 다른 과실주와 섞어서 마시거나 꿀을 넣어 마시는 것도 좋다. 몸을 보하는 약주로 마신다면 아침에 1~2잔, 저녁에 1~2잔 정도로 하루 두 번 마시고, 기침을 잦아지게 하려면 반 잔 정도씩 마신다.

재료 | 오미자 300g(말린 것 200g), 35% 과실주용 소주 1.8ℓ

담그는 법

하나 》 오미자에 섞여있는 잡티를 제거하고, 젖은 수건이나 깨끗한 물로 씻은 다음 물기를 뺀다.

둘 》 물기 없는 용기에 오미자를 담고 소주를 부어 밀봉시킨 후 서늘한 곳에 보관한다. 오미자 알갱이가 술 위로 떠오르는 것을 막기 위해 오미자를 베보자기에 싸서 병에 넣은 뒤 소주를 부어도 좋다.

셋 》 2개월 지나면 오미자주가 선홍색을 띠며 숙성되는데, 이때 깨끗한 거즈로 건더기를 걸러내고 술만 다른 빈 병에 옮겨 담아 다시 숙성시킨다.

넷 》 단맛을 원한다면 여과한 술에 감미료를 첨가하여 밀봉한 후 3~6개월 숙성시킨다.

76 노화 방지, 오갈피주

오갈피나무는 인삼을 능가할 정도의 약효를 가지고 있어 오래 전부터 귀중한 한약재로 사용되어 왔다. 오래 복용하면 몸이 가벼워지고 노화를 이겨낸다고 알려진 오갈피는 〈동의보감〉에 '오갈피술과 가루를 상복하고 연년連年하여 장수한 사람이 헤아릴 수 없이 많다', '가시오갈피는 처리아 처추이 통증에 약효가 뛰어나고, 근육과 뼈를 단단하게 한다'고 기록되어 있을 정도로 효능이 좋은 것으로 알려져 있다. 이처럼 오갈피는 특히 하반신에 작용하여 허리와 다리의 나른함과 통증, 다리에 힘을 줄 수 없는 증상, 가벼운 수종에 효과적이다. 뿐만 아니라 체내 유해산소를 제거하여 항노화 효과가 뛰어나고, 소아의 발육부진과 운동능력 불량에도 효과가 있다. 간장, 신장을 보호하고 늑골을 강하게 하는 작용도 한다. 오갈피 중 인삼 이상의 효능을 자랑하는 것은 7년생 가시오갈피. 세계 약재시장에서 '시베리아 인삼|Siberian Ginseng|'이라는 이름으로 통용되고 있으

며 인삼을 능가하는 약효를 가지고 있다. 이처럼 모든 신체 기능에 활력을 주고 항암작용을 포함하여 온갖 질병을 예방하는 오갈피주는 '산 속의 인삼'이라는 닉네임을 가지고 있을 정도로 각광받는 건강주이다. 잘 익은 오갈피주는 아름다운 호박색으로 은근한 향기가 나는 술이 되는데, 오래둘수록 좋으므로 일 년 이상 완전히 숙성시킨 후 마신다.

재료 | 가시오갈피 200g(생약 오갈피 150g), 35% 과실주용 소주 1.8ℓ

담그는 법

하나 》 가시오갈피는 가지를 잘라내고 물에 씻은 다음 2㎝ 정도 길이로 잘라 물기를 완전히 제거한다.

둘 》 물기 없는 병에 오갈피를 담고 소주를 부어 밀봉한 다음 햇빛 없는 곳에 보관한다.

셋 》 2개월가량 지나면 노란 빛깔을 띠며 숙성되는데, 이때 건더기를 건지고 원액은 다른 빈 병에 옮겨 담아 다시 숙성시킨다.

넷 》 달콤한 맛을 가미하고 싶다면, 숙성시킨 원액에 설탕 270g, 과당 90g을 넣어 녹인 다음에 체에 걸렀던 오갈피 중 1/10을 다시 넣고 밀봉하여 시원한 곳에 보관한다. 1개월 후에 다시 찌꺼기를 걸러내면 독특한 향을 지닌 오갈피주를 즐길 수 있다.

77 원기 보강, 더덕주

도라지과에 속하는 더덕은 '사삼' 혹은 '백삼'이라고도 불리는데, 원기를 보하고 한열을 제거하는 효과가 뛰어나며 신장, 위, 폐, 간을 튼튼하게 만들어주어 식용과 약용으로 두루 이용된다. 특히 뿌리에는 사포닌과 이눌린 등이 함유되어 있어 치열, 거담 및 폐열 제거 등에 사용된다.

더덕과 같이 뿌리를 이용하는 식물은 가을에 영양분이 축적되어 겨울을 나기 때문에 늦

<u>가을에서 이듬해 초봄에 캔 더덕을 이용해 술을 담가야 맛과 효능이 좋다.</u> 더덕의 향은 휘발성이 매우 강해 발효주에 첨가하면 양조 과정에서 향이 다 날아가므로 침출주에 더 잘 어울린다. 수십 년 묵은 더덕은 산삼보다 약효가 뛰어나다는 말이 있으며 오랜 기간 생장한 더덕으로 술을 담가서 마시는 것이 가장 좋은 음용법이다. 또 생 더덕보다는 말린 더덕이 침출되는 시간이 더 빠른데, 더덕과 같이 단단한 재료로 담근 술은 오래 숙성시킬수록 맛과 향이 좋은 귀한 술이 된다.

재료 | 더덕 500g, 35% 과실주용 소주 1.8ℓ

담그는 법

하나 》 더덕은 흙을 털어낸 다음 줄기와 잔뿌리를 손질하고 물로 깨끗이 씻은 후 물기를 뺀다.

둘 》 물기 없는 병에 더덕과 소주를 넣고 밀봉한 다음 선선하고 어두운 곳에서 숙성시킨다. 마늘과도 잘 어울리므로 함께 첨가해도 좋다.

셋 》 3개월 정도 숙성되면 마실 수 있으나, 수년간 숙성한 후 마시면 더욱 진하고 고급스러운 향미를 즐길 수 있다.

넷 》 더덕을 건져내고 여과한 후 다른 병에 옮겨 담으면 호박색을 띠는 향 짙은 더덕주가 완성된다.

TIP | 더덕이 병 속에 담겨있는 것도 보기 좋으므로 건져낸 더덕을 소주로 깨끗이 손질한 다음 여과시킨 술에 함께 넣는다.

78 감기 진정, 버찌주

벚꽃나무의 열매인 버찌는 화려한 벚꽃이 지면 맺기 시작하여 6월 초순경에는 점차 붉은색에서 검은색으로 익는다. 초여름에 만날 수 있는 버찌에는 포도당, 과당, 자당, 사과산, 구연산 등이 많이 함유되어 있어 피로회복, 식욕 증진 효과가 뛰어나다. 또 불면증이나 감기 예방에 좋다. 홍색이나 황색을 띠는 버찌는 달아서 그냥 먹기에는 좋지만 과실주로 담그면 맛과 약효가 떨어져 좋지 않다. 술

을 담글 때는 검붉은 빛깔의 버찌가 적합한데,
은은한 맛과 향에 비해 신맛은 적은 편이다. 그
러므로 술을 담글 때는 붉은색의 덜 여문 버찌와
검은색의 잘 여문 버찌를 섞어 담그거나 레몬을
넣어 신맛과 은은한 맛이 어우러지도록 하는 것
이 이상적이다.

재료 | 버찌 1kg, 35% 과실주용 소주 1.8ℓ

담그는 법

하나 》 직접 버찌를 채취할 때는 열매만 따면 터지기 쉬우므로 줄기까지 딴 후 다듬는 것이
좋다. 다듬을 때 힘을 줘서 줄기를 빼면 물러지므로 버찌를 가볍게 잡고 살짝 비틀어 돌리면
서 줄기를 제거한다.

둘 》 잘 익은 버찌는 젖은 거즈나 깨끗한 물로 살짝 씻어 물기를 제거한다.

셋 》 물기 없는 용기에 손질한 버찌를 넣고 소주를 붓는다. 이때 신맛을 보충하기 위해 껍질
벗긴 레몬의 과육을 2등분하여 넣는다.

넷 》 용기 입구를 단단하게 밀봉하여 서늘한 곳에 보관한다.

다섯 》 3개월 정도 지나면 익는데, 체에 밭쳐 건더기를 건져내고 원액을 다른 빈 병에 옮겨
담아 3개월 이상 더 숙성시켰다가 마시면 맛과 효과가 배가된다.

TIP | 버찌는 은은한 향에 단맛이 어우러져 있으므로 따로 감미료를 첨가하지 않아도 된다. 단
맛을 더 원한다면 1차 숙성 후 여과시킨 술에 감미료를 첨가하여 보관한다.

8

술 익는 우리 집, 과실주 캘린더

사시사철 맛난 과일이 넘쳐나는 우리나라는 과실주를 담그기엔 최상의 조건을 가진 파라다이스다. 또 희귀한 과일이나 약재도 쉽게 구할 수 있다. 한 달에 한 가지씩 제철 재료를 이용해 과실주를 담가보자. 일 년이면 열두 가지의 보약을 갖게 되는 셈이다.

79 1월 금귤주

껍질째 먹는 금귤은 작지만 껍질에 칼슘이 풍부하고, 밀감과 같이 비타민 C가 풍부하여 피로회복에 도움이 된다. 또한 기침과 가래, 신경성 위통에도 효과가 있다. 금귤로 술을 담그면 새콤하면서 달콤한 맛을 즐길 수 있으며 떫은맛까지 어우러져 훌륭한 음료가 된다. 금귤주는 껍질째 담그기 때문에 술이 탁해지지 않으므로 단단하고 깨끗한 금귤 2~3알은 장식용으로 여과주에 함께 넣어도 좋다. 단, 너무 오래 넣어두면 술맛이 변하므로 3개월 이내에 마셔야 한다. 금귤주는 귤 특유의 상큼한 향과 껍질의 적당한 쓴맛이 어우러지므로 얼음을 넣어 언더락으로 즐기면 더욱 맛있다.

🧺 금귤 500g, 황설탕 200g, 물 2컵, 35% 과실주용 소주 1.8ℓ

🍶 하나 》 금귤은 깨끗이 씻어 물기를 완전히 제거한다. 좀 더 빨리 숙성시키고 싶다면 이쑤시개를 이용해 금귤 꼭지 부분에 구멍을 뚫어 과즙이 약간 나오도록 한다.
둘 》 물과 황설탕의 비율을 2:1로 하여 잘 저으면서 끓인 다음 식힌다.
셋 》 소독하여 건조시킨 용기에 금귤과 소주, 끓여서 식힌 설탕물을 넣고 입구를 밀봉한 후 직사광선을 피해 서늘한 곳에 보관하여 숙성시킨다.
넷 》 1~3개월 정도 지나 술이 익으면 체에 밭쳐 건더기를 건져내고 맑게 여과된 술은 다른 병에 담아 밀봉하여 보관하면서 맛과 향을 부드럽게 숙성시킨다.

01 금귤에 이쑤시개로 구멍 내기   **02** 설탕물 끓여 식히기

80 | 2월 산수유술

산수유에는 비타민 C, 칼슘, 수산, 구연산, 단백질, 지방 등이 함유되어 있어 소화 불량, 체증, 요통 등을 다스리는 약재로 이용된다. 특히 산수유의 신맛은 근육의 수축력을 높여주고 방광의 조절, 야뇨증을 다스린다.

산수유는 육질이 두텁고 시며 떫은맛이 두드러지지만 술을 담그면 색이 곱고 효능이 탁월하다. 산수유주는 황홀할 정도로 빨간 빛을 띠며 밤에 한 잔씩 마시면 정력을 증진시킨다. 단, 약재로 많이 사용되는 산수유 열매는 햇볕에 말려 열매가 쪼그라들면 핀셋 등의 기구를 이용해 씨를 빼내고 술을 담가야 한다. 산수유주는 향기가 없으므로 향이 강한 다른 과실주와 섞으면 더욱 맛있게 마실 수 있다.

산수유 300g(말린 산수유 200g), 35% 과실주용 소주 1ℓ

하나 》 빨갛게 잘 익은 산수유를 으깨지지 않도록 잘 씻어 햇볕에 말린다.
둘 》 핀셋 등을 이용해 씨를 제거한 후 다시 일주일 정도 말려 수분을 제거한다.
셋 》 물기 없는 용기에 산수유를 넣고 소주를 부어 밀봉한 다음 서늘한 곳에 보관한다. 가끔씩 흔들어주면 재료의 성분이 잘 우러나와 빛깔이 더욱 고와진다.
넷 》 3개월 정도 두어 술이 완전히 익으면 건더기는 걸러내고 술만 다른 빈 병에 옮겨 담아 보관한다.
다섯 》 여과한 술에 꿀을 넣고 흔들어 숙성시키면 더욱 맛이 좋아진다.

01 산수유 깨끗이 씻어 말리기　　**03** 씨 뺀 산수유에 소주 붓기

81 3월 레몬주

레몬은 호박산, 비타민 B와 C가 풍부하고 피로회복, 식욕 증진, 정신 안정에 효과가 있다. 또 레몬 껍질에 있는 페리진이라고 하는 물질은 원기 회복과 해열 효과가 있으며 인후통, 기침을 진정시키는 작용을 한다. 레몬주는 피부 미용에도 효과적이며, 모세혈관의 활동을 활발하게 하여 고혈압 예방에도 좋다.

레몬주는 시고 쓴맛이 강하기 때문에 설탕이나 시럽 등 감미료를 가미하는 것이 낫다. 또 탄산수를 가미하여 식전에 마시거나 식후에 뜨거운 물과 꿀을 타서 마시면 소화가 잘된다. 드레싱이나 육류, 생선의 밑간에 사용해도 좋다.

레몬 6개, 설탕 200g, 30% 과실주용 소주 1.8ℓ

하나 》 레몬은 깨끗이 씻어 물기를 없앤 다음 껍질을 벗긴다. 쌉쌀한 맛을 원한다면 1개 정도는 껍질째 사용한다.

둘 》 얇게 저민 레몬은 켜켜로 설탕을 뿌려 병에 재어 놓는다.

셋 》 이틀 정도 지나 설탕이 덩어리 없이 잘 녹아있으면 소주를 붓고 밀봉하여 1개월 동안 서늘한 곳에서 숙성시킨다.

넷 》 술이 알맞게 익으면 레몬을 건져내고, 거름망에 한 번 걸러준다. 그래도 찌꺼기가 남아있을 때는 냉장고에 보관해 찌꺼기를 가라앉힌 다음 맑은 부분만 따라 보관 용기에 담는다.

TIP | 레몬 껍질을 너무 많이 넣으면 쓴맛이 진해지므로 껍질을 넣을 경우엔 전체 레몬의 10~20% 정도만 넣는 것이 적당하다.

01 레몬 깨끗이 씻어 껍질 벗기기

02 레몬에 켜켜이 설탕 뿌리기

82 4월 알로에주

아라비아어로 '맛이 쓰다' 라는 뜻의 알로에|Aloe|는 세균과 곰팡이에 대한 살균력이 있고, 독소를 중화하는 알로에틴이 들어있다. 또 <u>피로회복과 숙취 해소 등에 효과가 있고, 알로에 잎의 즙은 위장병이나 외상 또는 화상 등에 이용한다.</u>

　　알로에는 마트에서 쉽게 구할 수 있어 변비, 불면증, 피부 미용에 좋은 술로 담그기에 부담이 없다. 숙성되면 황녹색이나 자색을 띠는 알로에술은 약간 끈적거리는 느낌이 있고 쓴맛과 쌉쌀한 맛이 난다. 마시기 부담스럽다면 시럽을 넣어 단맛을 보충하고 얼음과 레몬을 띄워 시원하게 마시거나 포도주와 섞어 마신다.

🐟 알로에 잎 500g, 35% 과실주용 소주 1.8ℓ

🍶 하나 》 알로에 잎은 통째로 사용한다. 표면을 젖은 거즈나 물로 깨끗이 씻은 후 마른 거즈로 물기를 완전히 닦아 0.5~1㎝ 정도의 폭으로 썬다.
　둘 》 물기 없는 용기에 알로에를 켜켜이 넣고 소주를 부은 후 잘 밀봉하여 그늘지고 서늘한 곳에 보관한다.
　셋 》 1~2개월 정도 지나 알로에가 하얗게 탈색되면 잎을 전부 꺼내 베보자기에 거른다.
　넷 》 걸러 낸 맑은 술은 다른 병에 옮겨 담고 병 입구를 밀봉하여 2차 숙성시킨다.
　TIP | 쌉쌀한 맛을 싫어하는 사람이라면 2차 숙성 전에 설탕 200g을 넣는다.

01 물기 닦은 알로에 썰기　　　　**02** 알로에에 소주 부어 밀봉하기

83 5월 인삼주

인삼은 긴장감을 풀어주고 뇌의 활동을 원활하게 도와줄 뿐 아니라 냉증 치료에 탁월한 효과가 있다. 또한 암세포의 증식을 억제할 뿐만 아니라 암세포를 정상화시킨다. 삼계탕에 인삼주 한 잔을 곁들이면 땀과 함께 몸속의 나쁜 기운이 모두 빠져나가 더위를 이기는 보양식이 된다.

수삼은 말린 인삼보다 향기가 강하지만 진이 나와 맛이 덜할 수 있으므로 술 담글 때는 누런 껍질이 붙어있는 6년근 인삼을 쓴다. 엷은 호박색의 잘 숙성된 인삼주에 단맛을 보충하고 싶다면 마실 때 꿀을 넣는다.

수삼 1뿌리(20㎝ 길이) 혹은 인삼 2~4뿌리(200g), 35% 과실주용 소주 1.8ℓ

하나 » 마른 인삼은 불순물만 털어 준비하고, 수삼은 물에 깨끗이 씻어 물기를 뺀 다음 반으로 쪼개거나 그대로 사용한다.

둘 » 유리병에 인삼을 담고 인삼 위로 10㎝ 정도 올라오도록 소주를 붓는다.

셋 » 선선하고 그늘진 곳에 보관하여 1개월 이상(수삼은 6개월 이상) 숙성시킨다. 그 이후에 마실 수 있으나 1년 이상 저장해야 약효가 높아진다. 숙성 기간이 3년 넘으면 알코올 냄새가 없어지면서 인삼 특유의 향기와 달콤 쌉싸래한 맛을 가진 황금색 인삼주가 된다.

넷 » 숙성시킨 인삼주는 여과하여 다른 병에 따라둔다. 남은 인삼에 술을 또 부어 2~3회 이상 우려낼 수 있다.

01 수삼 깨끗이 손질하기

03 밀봉하여 숙성시키기

01

03

84 | 6월 매실주

매실에는 사과산, 구연산, 호박산 및 주석산이 풍부하게 들어있어 술로 마시면 피로회복과 식욕 증진에 효과가 있다. 특히 여름철 음료수에 매실주를 조금씩 타서 마시면 더위를 타지 않고 위장의 소화 기능이 좋아진다. 또 식욕이 없을 때 매실주로 반주를 하면 입맛을 돋우는 효과가 있다. 술을 담글 때는 익지 않은 단단한 청매를 사용해야 향이 더 좋고 맛있으며, 오래 숙성시킬수록 향이 깊어진다. 단, 술 속에 든 매실은 3~4개월이 지나면 꺼내주어야 술 빛깔이 맑고 투명해진다. 너무 오래 두면 술이 탁해질 뿐 아니라 씨 성분까지 우러나와 시고 텁텁해질 우려가 있다.

🏠 매실 2kg, 설탕 800g, 물 1.5ℓ , 30% 과실주용 소주 2ℓ

🍶 하나 » 매실은 겉면의 잔털이 떨어져 나가도록 깨끗하게 씻은 후 물기를 뺀다.
둘 » 물과 설탕을 잘 저으면서 한소끔 끓였다가 식힌다.
셋 » 준비한 용기에 매실과 소주, 설탕물을 넣어 잘 밀봉하고 직사광선이 비치지 않는 서늘한 곳에 보관한다.
넷 » 3개월 정도 지나면 매실은 건져내고, 술은 다른 용기에 담아 밀봉한다.

TIP | 매실청을 뜨고 난 후 남은 매실로도 술을 담글 수 있다. 거르기 작업을 할 때 매실을 꼭 짜지 않고, 물기를 많이 머금은 상태로 용기에 담고 소주를 부어놓으면 된다. 단, 이미 청을 뜬 매실은 너무 오래 두면 쓴맛이 우러나므로 2개월 안에 재료를 건져 숙성시킨다.

02 설탕물 끓여 식히기

04 숙성된 매실주에서 매실 건지기

85 | 7월 산딸기술

산딸기는 유기산과 비타민 C가 많아서 회복기 환자의 영양 보급이나 원기 회복에 효과가 있으며 피로회복, 식욕 증진에 도움이 된다.

야생 산딸기는 그냥 먹으면 신맛이 강하지만, 술을 담그면 새콤한 맛이 우러난다. 여기에 과당, 설탕, 벌꿀 등의 감미료를 첨가하여 단맛을 보충하면 새콤달콤한 맛의 황금색 산딸기주가 된다. 신맛이 부족한 산딸기로 술을 담갔을 경우에는 신맛이 강한 모과주나 머루주 등과 칵테일해서 마시면 좋다.

🏺 산딸기 500g, 설탕 100g, 35% 과실주용 소주 1.8ℓ

👐 **하나 »** 산딸기는 체를 이용하여 흐르는 물에 가볍게 씻고 물기를 뺀다.

둘 » 물기 없는 용기에 산딸기와 설탕을 켜켜이 담은 후 소주를 붓는다. 산딸기 과육은 쉽게 부서지므로 망으로 된 주머니에 넣어서 담그면 편하다.

셋 » 용기를 밀봉하여 서늘한 곳에 보관하여 숙성시킨다. 한 달에 1~2번 가볍게 흔들어 산딸기의 성분과 당분이 술에 고루 섞이도록 한다.

넷 » 3개월 정도 지나 딸기가 밑으로 가라앉으면 체에 밭쳐 건더기를 걸러내고 술만 다른 용기에 옮겨 담은 후 다시 밀봉하여 보관한다.

TIP | 만일 이때도 술 위에 떠있는 딸기가 있다면 술의 농도가 낮은 것이므로 소주를 더 부어 며칠 두었다가 가만히 체에 밭쳐 다른 병에 옮겨 담는다.

다섯 » 찌꺼기는 버리지 말고 다시 소주를 부어 밀봉한 후 서늘한 곳에 오래 두면 다른 맛의 산딸기술이 된다.

02 산딸기에 설탕 뿌린 후 소주 붓기   **04** 1차 숙성 후 건더기 걸러내기

86 8월 파인애플주

파인애플은 맛이 좋고 단백질을 소화시키는 효소가 들어있어 고기 요리로 포식한 후에 파인애플주를 마시면 소화에 도움이 된다. 자당, 구연산, 주석산 외에 비타민 C의 함유량이 풍부하여 피로회복, 식욕 증진, 정장, 특히 변비에 효과가 있다. 껍질까지 통째로 넣으면 지나치게 떫은맛이 우러나와 술맛이 떨어지므로 적당한 비율로 섞어 넣거나 과육만 담그는 것이 맛있다. 파인애플주는 숙성될수록 깊은 맛을 내지만 지나치게 오래 숙성시키면 과즙이 우러나와 술이 탁해지기도 한다. 한두 달 정도가 지나면 과일을 꺼내고 술만 걸러 마신다.

파인애플 1통, 설탕 150g, 30% 과실주용 소주 1.8ℓ

하나 » 파인애플은 마트에서 껍질을 깐 과육을 구입하거나 집에서 칼로 겉껍질을 벗기고 통조림처럼 둥글게 썬 다음 조각을 3~4등분하여 자른다.
둘 » 용기에 파인애플을 넣고 설탕을 켜켜이 뿌려 하룻밤 재워둔다.
셋 » 설탕이 다 녹으면 소주를 붓고 밀봉해 서늘한 곳에 보관한다.
넷 » 한 달 정도 지나 유효 성분이 다 우러나면 거름망에 넣고 가볍게 짠다. 거른 술은 냉장고에 하루 정도 보관해 찌꺼기를 가라앉히고 맑은 술만 따라낸다.
다섯 » 목이 좁은 병에 깔때기를 대고 술을 부어 2차 숙성시켜 부드러운 맛과 향의 술을 만든다.

03 설탕에 재운 파인애플에 소주 붓기   **04** 1차 숙성 후 건더기 걸러내기

87 9월 포도주

식욕을 돋우고 소화력을 높이며, 혈액순환을 좋게 하여 서양 사람들의 식사에서 빠지지 않는 포도주. 포도는 비타민과 유기산 등의 각종 영양소가 풍부한 알칼리성 식품으로 암 예방에도 좋은 과실이다. 여름철 흔한 캠벨 포도로 만드는 것보다 초가을에 나는 머루포도로 만들면 맛과 향이 훨씬 좋고, 귀한 술이 된다.

머루포도 1kg, 설탕 450g, 35% 과실주용 소주 1.8ℓ

하나 》 포도는 흐르는 물에 깨끗이 씻어 소쿠리에 받쳐 물기를 뺀다. 하룻밤 정도 그늘에서 말린 다음 포도알을 분리한다.

둘 》 포도알에 설탕을 뿌려 하룻밤 재어둔다. 설탕이 녹으면 소주를 붓고 밀봉하여 햇빛이 들지 않는 서늘한 곳에서 보관한다.

셋 》 3개월 정도 지나면 재료를 거름망에 넣고 살살 흔들어 짠다.

넷 》 탁한 기운을 없애기 위해 냉장고에 넣어 하루나 이틀 정도 보관해 찌꺼기를 가라앉힌 후 위에 떠오른 맑은 술만 따라낸다.

다섯 》 여과한 술은 입구가 좁은 병에 담아 3개월 이상 더 숙성시키면 맛과 향이 부드러운 술이 된다.

TIP | 알코올 도수가 낮아지면 함께 첨가한 설탕으로 인해 포도 속 야생효모가 발효되기 때문에 반드시 35% 이상의 소주를 사용한다. 밀봉하면 용기가 터질 수 있으므로 안전하게 포도주를 만들기 위해 높은 도수의 술을 사용하는 것. 그러나 숙성 기간을 좀 길게 잡으면 포도주의 도수는 낮아지므로 그리 독한 술이 되지 않는다.

01 씻은 포도 알이 분리하기

01

02 포도알에 설탕 뿌려 재우기

02

88 10월 모과주

모과는 사과산과 구연산이 풍부해 신진대사를 돕고, 소화를 촉진시키는 효과가 있다. 또 이뇨, 빈혈 및 기침을 멈추게 하는 데도 효과가 좋다. 모과의 주요 성분인 '프룩토오스'는 장기를 보호하고, 특히 간과 신장의 활동을 원활하게 한다. 그러나 치아에 해로운 돌세포가 많이 함유되어 있어 날것으로 먹는 것은 좋지 않고 술이나 차 등으로 만들어 먹는 것이 좋다.

모과 1kg, 설탕 250g, 30% 과실주용 소주 1.8ℓ

하나 》 모과는 너무 크지 않고 색이 고운 것으로 고른다. 푸른 기가 남아있는 모과는 며칠 두었다가 노랗게 익으면 사용한다. 잘 익은 모과는 과당이 껍질로 배어나와 끈적거리므로 야채 과일 전용 세제로 잘 씻은 다음 소쿠리에 밭쳐 물기를 없앤다.

둘 》 길게 4쪽으로 자른 다음 씨를 제거하고 부채꼴 모양으로 썬다. 과육이 단단하므로 자를 때 조심해야 한다.

셋 》 병에 모과와 설탕을 켜켜이 담고 밀봉하여 일주일 정도 절인다.

넷 》 설탕이 녹아 모과에 잘 배어들면 소주를 붓고 밀봉하여 서늘한 곳에서 3개월 이상 숙성시킨다.

TIP | 모과주는 최소 3개월 지나면 마실 수 있지만, 6개월 이상 숙성시켜야 제 맛이 나고 1년 이상 숙성시키면 더욱 향이 좋아진다. 모과는 워낙 단단해 술이 혼탁해지지 않으므로 중간에 거르기 작업을 하지 않고 숙성이 끝나면 걸러낸다.

02 모과 씨 제거하기

03 모과와 설탕 켜켜이 담기

89 11월 배주

잘 익은 배로 술을 담그면 천식과 소화 불량을 해소하는 데 효과가 뛰어난 배주가 된다. 배의 성분은 당분 7~10%, 유기산과 과산 0.08%, 미량의 주석산과 구연산으로 구성된다. 과육 중에 들어있는 펜토산은 장을 자극하여 연동운동을 촉진시켜 변비를 예방한다. 또 칼륨이 많이 함유되어 있어 이뇨작용이 뛰어나고, 비타민 B와 C가 들어있어 잦은 기침을 진정시키며 해열 효과가 있다. 배주를 담글 때는 여름철보다는 10월 이후 수확한 단단하면서도 잘 익은 배를 사용해야 저장성이 뛰어나고 맛도 좋다. 배주의 신맛을 싫어하는 경우에는 껍질째 4등분한 과육, 껍질과 씨를 빼내고 4등분한 과육을 각각 같은 양으로 넣어 담근다.

 배(중간 크기) 5개, 35% 과실주용 소주 1.8ℓ

하나 ≫ 배는 깨끗이 씻어 껍질을 벗기고 4등분하여 속의 단단한 심 부분을 도려낸다. 깨끗이 씻어 사과처럼 씨와 껍질을 모두 이용해도 된다.

둘 ≫ 소독한 후 건조시킨 용기에 배를 넣고 소주를 부어 밀봉한 다음 서늘한 곳에 보관한다.

셋 ≫ 3개월 정도 숙성하여 술이 익으면 건더기는 건져내고 거즈에 걸러 입구가 좁은 유리병에 옮겨 담는다. 오래 숙성시킬수록 맛있는 배주는 두고두고 먹을 수 있다는 것이 장점.

01 배의 껍질과 심 부분 도려내기   02 배에 소주 부어 밀봉하기

90 | 12월 키위주

키위는 다른 과일에 비해 단백질, 지질, 섬유질 등 영양소가 풍부하며, 비타민 A 와 C, E가 풍부하다. '악티나이드' 라는 단백질 분해 효소가 함유되어 있어 고기 를 먹은 후 식후주로 마시면 소화가 잘된다. 국산 키위는 11월 이후에 수확해 2개월 이상 숙성시킨 것을 고르고, 수입산의 경우 이미 숙성이 된 상태이므로 어느 것을 골라도 상관없다.

키위 5개, 설탕 50g, 30~35% 과실주용 소주 1ℓ

하나 » 키위는 싱싱한 것으로 골라 껍질을 벗겨 4~5등분으로 자른다.

둘 » 용기에 키위를 담고 소주를 붓는다. 설탕은 술을 담글 때 넣어도 되고, 재료를 건진 후 술을 숙성시킬 때나 마실 때 기호에 따라 넣어도 된다.

셋 » 용기를 밀봉해 직사광선이 비치지 않는 서늘한 곳에서 보관한다.

넷 » 키위는 유효 성분이 빨리 빠져 나오므로 2주 이상 지나면 거름망을 이용해 재료를 건진다.

다섯 » 냉장고에서 1~2일 정도 보관하여, 찌꺼기가 가라앉으면 조심스럽게 따라낸다.

여섯 » 맑은 술은 사이즈가 딱 맞는 병에 담아 숙성시킨다. 술이 병의 90% 이상 꽉 차야 공기의 영향을 덜 받아 맛있게 숙성된다.

TIP | 술 담글 키위는 껍질이 팽팽하고 무르지 않은 것으로 고를 것. 뭉근하고 달달한 골드 키위 보다는 새콤달콤한 그린 키위가 더 좋은 술을 만든다.

01 키위 껍질 벗겨 4등분하기　　　**02** 키위에 소주 부어 숙성시키기

01　　02

fruit wine

part 9

과실주, 200% 색다르게 즐기기

공들여 과실주를 만들어, 제 맛이 나도록 숙성시켰다면 맛있게 마시고, 좋은 사람들과 함께 나누
는 마지막 단계는 더욱 근사하고 의미가 크다. 과실주를 선물도 하고, 과실주로 파티도 하고, 요
리에도 사용하고…. 엔돌핀이 마구 솟아나는 재미있는 제안을 해본다.

91 과실 재활용

탐스러운 빛깔과 은은한 향이 어우러진 과실
주. 숙성되는 순간 단번에 쓰레기통으로 골
인되는 신세의 과실이 아깝다. 술 담그고 남
은 과실을 되살리는 방법이 있다. 맛있는 간
식으로, 반찬으로, 안주로 두루 활용할 수 있
는 알짜배기 정보를 소개한다.

　　살구주를 만들고 남은 살구는 그대
로 맛을 봐도 여전히 향긋하지만 설탕을 가
미하여 졸이면 잼으로 먹을 수 있다. 매실은
다른 과일과 섞어 과자나 빵 만들 때 반죽에 썰어 넣으면 맛있게 먹을 수 있다.
남은 매실은 각종 요리에 조금씩 넣어도 좋고, 등산이나 여행 시 체력이 소모된
경우 피로회복제로 이용하면 좋다. 귤이나 레몬 등은 술을 담그고 남은 과육에
여전히 산미가 남아있으므로 설탕에 버무려 간식으로 먹으면 맛있다. 복숭아, 파
인애플, 버찌 등은 조금씩 프루츠 펀치에 넣어 마시면 향긋하고 시원한 맛이 난
다. 수삼이나 인삼은 여러 번 술에 담가 숙성시키고 난 다음 5mm 두께로 어슷썰
기 하여 설탕과 꿀을 넣고 졸여서 인삼정과를 만들어 먹으면 좋다. 하지만 딸기,
바나나 같은 과일은 술을 담그면 그 맛과 성분이 모두 빠지거나 물러서 다른 요
리 등으로 활용하기 어렵다.

92 과실주 즐기기

과실주 저마다의 독특한 맛을 그대로 음미하려면 스트레이트로 마시는 것이 제
격이다. 하지만 너무 진한 성분은 도리어 달갑지 않은 맛을 낼 수 있다. 그럴 때

는 적당량의 설탕이나 꿀, 시럽 등을 섞어서 마시면 기대 이상의 맛을 즐길 수 있다. 또 진하게 숙성된 과실주는 얼음을 넣어 언더락으로 마시거나 물과 섞어 어느 정도 희석시켜 마시면 부담 없다.

사이다나 콜라, 탄산수 등의 음료와 혼합하여 마시는 방법도 있다. 이때는 맥주를 조금 섞는 것도 좋은 맛을 얻을 수 있는 방법의 하나. 이렇게 마시는 과실주는 여름에 갈증을 해소하고 건강을 관리하는 보약이 된다. 또 추운 겨울에 차가운 과실주를 마시면 알코올 성분이 몸 안에서 돌아 혈액순환 및 신진대사가

좋아진다. 설탕을 조금 넣어 마시면 몸을 따뜻하게 하는 데 도움이 된다.

또 다른 방법으로는 칵테일이 있다. 두 가지 이상의 과실주를 혼합하거나 브랜디, 위스키 등의 다른 양주와 섞어 마시면 독특한 맛의 술이 탄생한다. 과실주는 신맛과 단맛, 그리고 향기가 좋은 술이므로 각 특성에 맞게 부족한 부분을 메워줄 수 있도록 섞어준다. 단, 이 경우에는 각각의 조합

이 문제인데 방법이 천차만별이므로 조금씩 섞어가면서 입맛에 맞는 칵테일을 찾아내는 재미를 느껴보자. 시판되는 혼합주 '셀라비'를 따라해 봐도 좋겠다. 화이트 와인에 사과, 오렌지, 귤 등으로 만든 과실주를 섞으면 음료처럼 가볍게 마실 수 있다.

93 과실주와 안주

과실주는 소화 기능을 원활하게 하고 위액의 분비를 늘려 입맛을 돋우는 효과가 있기 때문에 식전주로 많이 음용된다. 하지만 고운 빛깔과 개성 넘치는 향이 어

우러진 과실주는 몸을 보하는 효과 또한 탁
월하여 명절에 전통주를 대신하고, 크리스마
스나 결혼기념일 등 스페셜 데이에 와인을
대신하며, 갑자기 들이닥친 손님상에 소주나
맥주를 대신하기에 부족함이 없다. 그렇다면
과실주를 낼 때 곁들이면 좋은 안주로는 무
엇이 좋을까?

　　대부분의 과실주는 단맛과 신맛이 많이 나기 때문에 달콤한 안주나 생과
일 안주는 어울리지 않는다. 과실주 특유의 향을 입 안에 그대로 유지시켜 주는
담백한 안주를 곁들이는 것이 좋다. 말린 과일과 육포를 세트로 낸다든지, 흰 살
생선과 달걀을 이용한 요리를 내면 감각 있는 술상이 완성된다. 또는 프렌치 스
타일로 와인처럼 즐기는 것도 한 방법이다. 적포도주와 치즈가 환상의 궁합을 자
랑하듯, 약간 떫은맛이 나는 과실주와 지방, 단백질이 많은 치즈 또한 입 안에서
조화를 잘 이루는 짝꿍이다. 풍부한 맛과 부드러운 질감의 몬테레이 잭 치즈(일명

과실주와 어울리는 부추 골뱅이 간장무침

재료 | 부추 80g, 골뱅이(통조림) 1캔, 마른 홍고추 · 청양고추 1개씩, 간장 1½큰술, 다진 파 · 다진 마
늘 · 청주 · 물엿 · 식초 1큰술씩, 깨소금 1작은술, 참기름 1/2작은술, 소금 · 후춧가루 약간씩

만드는 법

1 부추는 다듬어 씻어 2㎝ 길이로 썬다. 마른 홍고추는 가위로 자르고, 청양고추는 송송 썰어 씨를
턴다.

2 골뱅이는 체에 밭쳐 물기를 뺀 뒤 뜨거운 물을 끼얹어 특유의 비린 맛을 없애고 찬물에 헹궈 물
기를 뺀다.

3 손질한 골뱅이를 먹기 좋은 크기로 슬라이스한 뒤 파, 마늘, 간장, 청주, 물엿, 식초를 넣고 살살
버무려 맛이 나도록 먼저 무친다.

4 골뱅이에 간이 배면 부추를 넣고 참기름, 깨소금, 소금, 후춧가루로 간을 맞춰 살살 버무린 뒤 청
양고추와 마른 홍고추를 넣고 섞어 그릇에 담아낸다.

TIP | 골뱅이의 얕은맛은 간장이나 고춧가루, 고추장 등의 양념에 버무려 먹으면 맛이 깊어지며, 알
코올 도수가 높은 술의 안주로 제격이다.

캘리포니아 치즈가 제격.

또한 집에서 담근 건강주를 낼 때는 술의 흡수를 더욱 빠르게 하면서 숙취 해소가 빠른 안주를 준비한다. 이러한 효과를 배가시킬 수 있는 궁합 식품으로는 쇠고기와 부추, 조개와 마늘, 두부와 김치, 흰 살 생선과 미나리 등을 들 수 있다.

94 과실주 세팅 아이디어

첫 번째는 술잔으로 테이블의 표정을 연출하는 것. 대접하는 상대에 따라 술잔에 변화를 주면 같은 과실주라도 그때그때 느낌이 달라진다. 명절이나 부모님 생신 등 윗사람에게 대접할 때는 도자기 술잔과 술주전자로 단아하게 술상을 차린다. 다소 투박하게 마무리된 술잔과 주전자로 소박하게 준비하거나 검은색 도자기로 세련된 감각을 연출해 보자. 테이블 중앙에 간단한 안주를 준비하고 가장

자리에 술잔과 개인접시를 놓는다. 술상에는 화려한 꽃보다는 작은 병에 푸른 잎이나 열매 달린 가지를 한두 개 꽂아 정갈하게 마무리한다. 젊은 감각의 퓨전 느낌으로 술상을 차릴 때는 나무 술잔을 준비하여 아스라한 운치를 더해주면 멋스럽다. 캐주얼한 손님상에는 속을 파낸 사과나 오렌지 등 과일로 술잔을 대신하는 아이디어도 재치 넘친다.

두 번째는 컬러 감각을 한껏 발휘하는 아이디어. 과실주는 맛과 향만큼이나 빛깔이 매력적이다. 경쾌한 원색 컬러로 테이블을 세팅해 보자. 일단 손잡이가 달린 투명한 피처에 맛깔 나게 잘 익은 과실주를 그득 따른다. 얼음이나 레

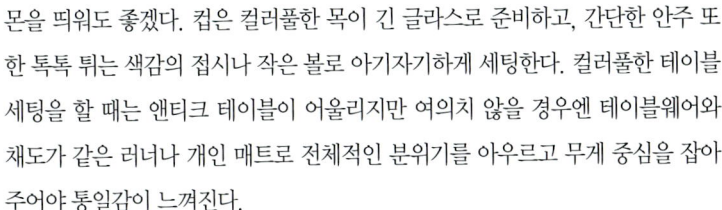

몬을 띄워도 좋겠다. 컵은 컬러풀한 목이 긴 글라스로 준비하고, 간단한 안주 또한 톡톡 튀는 색감의 접시나 작은 볼로 아기자기하게 세팅한다. 컬러풀한 테이블 세팅을 할 때는 앤티크 테이블이 어울리지만 여의치 않을 경우엔 테이블웨어와 채도가 같은 러너나 개인 매트로 전체적인 분위기를 아우르고 무게 중심을 잡아 주어야 통일감이 느껴진다.

세 번째 아이디어는 뷔페 스타일 케이터링 따라하기. 커다란 접시나 쟁반 하나에 색색의 과실주 여러 가지를 조르륵 세워 테이블을 연출하는 아이디어는 친구들을 초대했을 때나 스탠딩 파티에서 활용하기 좋다. 물론 다양한 과실주를 미리 만들어 놓아야 하는 번거로움이 있긴 하지만, 맛있고 건강에 좋은 술을 음료처럼 즐길 수 있는 기회를 제공하는 셈. 또 입맛에 맞춰 골라 먹는 재미까지 있다. 칵테일처럼 과실주에 담겨있던 과일을 컵에 꽂거나 꼬치에 꽂아 올리는 등 데커레이션을 곁들이는 것도 잊지 말자. 또한 단맛을 좋아하는 사람을 위해 스틱 형태로 된 칵테일 슈거도 준비한다. 마무리는 센터피스. 화려한 컬러의 꽃을 부케 모양으로 풍성하게 꽂아 테이블 중앙에 장식한다.

95 영역 넓힌 과실주

과실주는 새콤달콤한 맛과 풍부한 구연산으로 인해 입맛을 돋워주는 식전주로, 피로를 풀어주는 약주로 마시면 좋다. 하지만 술 자체로 즐기는 것 이외에도 요리에 맛을 더해주는 재료로 활용할 수 있다.

홍차에 위스키 한 방울을 떨어뜨리는 것은 누구나 아는 상식이지만, 위스키 대신에 과실주를 넣어주는 것도 하나의 방법이

다. 홍차뿐만 아니라, 어떠한 엽차나 코코아에도 과실주를 몇 방울 떨어뜨려 마시면 특유한 맛과 향을 얻을 수가 있다.

머루주를 일식의 조미료로 활용하는 방법을 제안한다. 일식과 와인은 의외로 맛 궁합이 좋은 단짝이다. 보통 화이트 와인과 생선요리가 잘 어울린다고 생각하지만 과일향의 단맛이 지나치게 강한 화이트 와인보다는 레드 와인이 오히려 맛을 돋워주는 역할을 한다. 한국의 레드 와인이라 불리는 머루주를 이에 응용해 볼 수 있다. 참치 중 가장 기름진 도로¹뱃살 부위의 회 요리나 초밥에 머루주를 곁들이면 맛있고 근사한 식탁이 완성된다. 또 참치회를 먹을 때 간장에 머루주 몇 방울을 떨어뜨리면 생선 비린내를 없애줄 뿐 아니라 그 맛의 조화가 일품이다.

과일주는 특히 고기 요리에 이용하면 좋다. 갈비를 잴 때 키위주를 조금 넣고, 닭 강정을 조릴 때는 사과주를, 또 오리고기에는 오렌지주를 넣어보자. 새콤달콤한 맛이 고기의 느끼함을 덜어주고 풍부한 수분이 뻑뻑한 고기질을 부드럽고 연하게 해줄 뿐 아니라 소화를 촉진시키는 역할까지 해준다.

96 과실주 포장법

맛과 건강을 함께 선사하는 과실주는 그야말로 최고의 선물이다. 직접 만들고 몇 개월에 걸쳐 숙성시킨 정성까지 담을 수 있으니 그 어떤 선물보다 아름다운 의미를 갖는다. 집안 어른들을 위해 인삼주나 복분자주, 단 것을 좋아하는 애인을 위해 딸기주나 레몬주, 집들이 선물로는 웰빙과 함께 주가가 높아진 매실주나 무화과주, 아이 선생님께는 피로회복에 탁월한 효과가 있는 대추주나 다래주가 좋다. 내용물을 더욱 돋보이게 하려면 선물하는 대상에 따라 변화를 줄 수 있는 포장 감각 또한 중요하다. 과실주를 베스트드레서로 만드는 포장 아이디어를 소개한다.

친구나 연인을 위한 와인 병 포장

준비물 | 포장지, 셀로판테이프, 양면테이프

포장방법

하나 》 포장지를 병 둘레×1.5, 병 길이 + 병 지름 + 22㎝로 자른다.

둘 》 위에서 12㎝ 밑으로 병을 놓고 병 둘레를 감싼 다음 양면테이프로 고정시킨다.

셋 》 병의 밑면은 일정한 간격으로 3~4개의 주름을 잡는다. 병 바닥과 남은 포장지가 직각이 되면 시접을 병 쪽으로 잘 밀어 넣어 정리한다.

어른께 전할 때 어울리는 전통 보자기 포장

준비물 | 보자기, 매듭

포장방법

하나 》 병에 담은 과실주를 나무 상자에 넣는다.

둘 》 상자를 보자기의 중심에서 약간 옆쪽으로 비켜 놓는다.

셋 》 긴 쪽을 제외한 나머지 세 귀가 위쪽을 향하도록 잡는다.

넷 》 긴 쪽의 귀를 집어 올려 나머지 세 귀가 풀리지 않도록 한 바퀴 돌린 후 만들어진 고리 아래로 넣어 위로 뺀다. 네 귀를 보기 좋게 뒤집어 마무리한 다음 매듭으로 장식한다.

집들이 선물 제안, 유리병 냅킨 포장

준비물 | 포장지, 장식용 냅킨, 끈, 양면테이프

포장방법

하나 》 포장지는 병 둘레 + 2~3㎝, 뚜껑을 제외한 병 높이 + 밑면의 반지름의 사이즈로 자르고, 위쪽과 오른쪽 시접 1㎝씩 접는다.

둘 》 유리병의 목 아래 부분까지 포장지를 두른 다음 양면테이프로 고정시킨다.

셋 》 유리병 바닥의 중앙을 향해 시계 방향으로 1㎝ 간격이 되도록 주름을 잡는다.

넷 》 병 입구에 장식용 냅킨을 두른 후 끈으로 묶어 나비 리본을 묶는다.

fruit wine **10**

part **10**

입 소문난 술집의
과일주와 안주

오이를 넣어 만든 칵테일 소주로 시작하여 그 범위를 점차 넓힌 생과일 소주는 달콤하고 도수가
그리 높지 않아 특히 여성들의 입맛을 잡아끄는 마력을 갖는다. 트렌디한 술 문화를 이끄는 서울
시내 5곳의 술집에서 가장 인기 있는 과일주와 안주 궁합, 그리고 최고의 술맛 비결을 엿본다.

97 톡톡 쏘는 상큼한 맛 | 반저

국내 생과일 소주 전문점의 원조 격인 대학로 반저. 수박, 사과, 멜론, 코코넛, 파인애플, 오렌지 소주 등 다양한 종류의 생과일 소주를 즐길 수 있다. 반저의 생과일 소주는 다른 주점의 생과일 소주보다 알코올 함량이 약간 더 높고, 단맛은 적으면서도 상큼한 맛이 진한 것이 특징이다.

반저에서는 대표적인 여름 과일인 수박을 이용한 과일주를 맛볼 수 있다. 수박 속을 파낸 후 껍질 안에 신선한 과즙을 찰랑찰랑 담아내는 수박 소주는 겨울에도 마실 수 있는 반저만의 별미다. 또한 자칫 하면 비릿한 맛을 내는 코코넛 소주도 달콤하면서도 부드러운 맛 그대로 즐길 수 있다. 이것이 바로 10여 년 이상 생과일 소주를 전문적으로 만들어 온 이곳만의 노하우다. 반저는 생과일 소주로도 유명하지만, 미식가인 사장이 직접 개발한 독특한 안주로도 유명하다. 특히 단호박에 각종 해산물을 매콤하게 볶아 넣고, 모차렐라 치즈를 뿌려 찜통에서 쪄낸 단호박 해물찜이 최고의 인기 메뉴. 여기에 생과일 소주를 곁들이면 상큼한 과실주의 맛과 담백하면서도 고소한 단호박 찜이 어우러져 최고의 맛 궁합을 자랑한다.

모든 재료를 시원하게 냉장 보관하였다가 즉석에서 만들어 마시는 것이 반저의 맛있는 생과일 소주의 노하우. 그래야 과일 특유의 상큼한 맛이 진해진다. 숙성 과정을 거치지 않는 즉석 생과일 소주는 알코올보다 과즙이 많이 들어간다. 상큼하고 신선한 만큼 변질되기 쉬우므로 그날 만든 술은 그날 모두 마시는 것이 좋다. 또 생과일과 알코올을 섞다 보면 새콤한 맛과 과일의 향이 현저히 줄어들므로 당도나 맛, 향을 보완하기 위해 소다 음료 또는 과실 농축액 등 다양한 첨가물을 넣어 마시는 것도 좋다.

문의 02-742-9779

98 일본식 생과일즙 칵테일 | 하이카라야

"이랏샤이마세" 입구에 들어서자마자 경쾌한 인사로 손님을 맞는 하이카라야는 일본에만 500여 개의 지점을 갖고 있는 프랜차이즈 이자카야의 서울 분점이다. 이곳에서는 일본인들이 즐겨 마시는 혼합 과실주를 맛볼 수 있다. 우리나라 사람들은 주로 높은 도수의 술을 스트레이트로 마시는 반면 일본인들은 어떤 종류의

술이든 음료 또는 물, 얼음을 넣어 희석해 마시는 음주 문화를 갖고 있다. 정통 일본식 주점인 만큼 이곳에서 즐길 수 있는 과실주 역시 낮은 도수의 혼합 소주가 대부분. 소주에 과실 리큐르를 넣은 저알코올 음료인 샤워, 샤워보다 약간 높은 도수의 과실주, 생과일즙 칵테일 등 크게 3가지로 나뉜다. 가장 인기 있는 술은 백도 칼피스 샤워, 라임 샤워, 그레이프프루츠[자몽] 샤워다. 달콤한 주스 타

입의 술을 좋아하는 사람은 백도 칼피스 샤워를, 단맛이 적은 술을 좋아하는 사람에게는 라임 또는 그레이프프루츠 샤워를 권한다. 집에서 하이카라야식 샤워를 만들고 싶다면 소주에 토닉과 과즙을 넣는 것보다는 칵테일에 들어가는 리큐르를 구입하여 취향에 맞게 넣어주면 더욱 맛있다. 낮은 도수의 일본 스타일 과실주에는 탕이나 전골보다는 오로라소스새우튀김, 고로케 등 가벼운 단품 안주

가 제격이다.

　　일본 하이카라야 본사에서 직접 운영하므로 현지에서와 똑같이 1인당 테이블 사용료 2,000원의 금액이 더해지고, 김치와 단무지도 돈을 내고 주문해야 나온다. 대신 안주와 술의 가격은 저렴한 편이다.
문의 02-324-8351

99 생과일 소주 전문 | F.A.S 安

F.A.S는 'Fruit Alcohol Shop'의 약자. 생과일 소주를 전문으로 만드는 주점답게 과실주 선택의 폭이 넓다는 것이 안安의 장점이다. 100% 과일즙만을 사용해 술을 전혀 마시지 못하는 사람들도 가볍게 마실 수 있을 정도로 달콤하고 상큼한 맛이 일품. 이곳을 자주 찾는 생과일 소주 마니아들의 주문법은 메뉴판에 써있는 것과는 다르다. 사과이슬, 파인이슬 등 생과일 소주를 주문하면서 소주를 추가 주문한다. 이미 만들어진 프레시한 과일주에 소주를 더해 원하는 도수로 블렌딩해 마시는 것이다. 단, 소주를 너무 많이 넣으면 쓴맛이 진해져 과실의 풍미를 해치므로 맛을 보면서 적당량만 넣는다.

　　안安의 과실주 역시 저알코올 주류이므로 기름지고 푸짐한 안주보다는 싱큼한 닭 가슴살 샐러드 정도가 술과 가장 잘 어울린다. 사과와 파인애플을 제외한 딸기, 멜론, 귤, 키위, 토마토, 요구르트의 6가지 소주가 한 잔씩 담겨 나오는 육각주도 다양한 술을 맛볼 수 있어 과실주 마니아 사이에서는 인기다.

안復 스타일의 화려한 생과일 소주를 만들려면 우선 과일의 속을 파내고 껍질에 술을 채워 내는 것이 기본이다. 과일주 자체의 풍미와 껍질 안쪽에 남아있는 과즙의 맛과 향이 더해지기 때문이다. 가장 인기 있는 파인애플 소주의 경우 마트에서 파는 커터를 구입해 간단하게 속을 파낸 다음 즙을 낸다. 깔끔한 맛을 원한다면 녹즙기로 즙만 짜내고, 진한 맛을 원한다면 믹서나 핸드 블렌더로 갈아 즙을 내 술상에 내기 전까지 냉장 보관한다. 마시기 직전, 기호에 따라 1/8~1/10 정도의 소주를 부어 섞는다. 소주의 농도가 진해질수록 단맛이 떨어지므로 약간의 단맛 첨가는 필수. 올리고당이나 백설탕을 넣으면 달콤하면서도 빛깔 고운 즉석 과실주가 완성된다.

문의 02-518-3337

100 스무디 타입 과실주 | 홍가홍가

홍합을 이용한 다양한 퓨전 요리와 눈물나게 매운 요리를 즐길 수 있는 홍대 앞 주점 홍가홍가. 이곳에서는 스무디 타입의 딸기 생과일 소주와 망고 & 복숭아 생과일 소주, 그 밖에 파인애플, 멜론, 수박, 사과를 이용한 생과일 소주를 즐길 수 있다. 홍가홍가의 생과일 소주는 개운하고 달콤한 맛이 뛰어나 인기가 높다. 주원료인 과일 선택 시 품질이 좋은 것을 선택하는 것이야말로 맛있는 과일주를 만드는 첫 번째 비결이다. 파인애플의 경우, 크고 당도가 높은 것은 물론 품질이 좋은 골드 파인애플만을 사용한다. 시판 과일 중 가장 좋은 것으로만 엄선하는 눈썰미가 필요한 것. 또 이미 구입한 과일이라도 기준치보다 당도가 떨어질 때는 그 과실주는 그날 판매하지 않는 등 늘 똑같은 술맛을 유지하기 위해 노력한다.

홍가홍가의 상큼한 과실주에는 매콤한 홍합 요리나 한 번 시키면 무한리 필이 가능한 홍합탕을 곁들여 먹으면 좋다. 홍합은 간을 보호하고 조혈작용이 탁월해 술과 궁합이 잘 맞는 음식이다. 볶거나 오븐에 구워 먹어도 좋지만, 특히 탕으로 만들어 국물을 먹으면 다음날 숙취도 거의 없다.

갑자기 손님이 들이닥쳤을 때 집에서 직접 만든 맛있는 생과일 소주를 대접하고 싶다면 과즙의 양은 많게, 소주의 양은 적게 넣는 것이 노하우다. 소주와 과즙 만으로는 상큼한 맛을 내기 어려우므로 시판 과일주스를 약간 첨가하는 것도 한 방법이다. 또한 유리잔에 얼음을 띄우는 대신 과일 주를 얼려두었다가 갈아서 바로 내면 밋밋하지 않고 상큼한 맛이 진한 슬러시 타입의 과 실주가 된다.

문의 02-3143-0104

101 부드러운 맛의 과실주 | restoyaki 休

키위, 망고, 딸기, 사과, 오렌지, 파인애플로 만든 생과일 소주를 마실 수 있는 퓨전 주점 휴(休). 휴의 생과일 소주는 단맛도 적당하고 부드러운 맛을 잘 살려 여성들은 물론 남성들에게도 인기가 많다.

휴의 생과일 소주는 최대한 자연스러운 천연 그대로의 과일 맛을 살리기 위해 100% 과즙을 사용하며, 탄산이나 설탕을 넣지 않는다. 과즙만으로 맛있는 과실주를 만들기 위해서는 최대한 당도 높은 과일을 선택해 단맛을 높이는 것이

비결. 그를 위해 매장을 오픈한 3년 전부터 생과일 소주에 들어가는 과일을 고르는 담당자를 따로 두어 가장 신선한 과일만을 엄선, 손님상에 내고 있다. 또 하나의 장점은 450㎖와 900㎖의 두 가지 용량이 준비되어 있어 다양한 종류의 과실주를 맛보기 좋다는 점. 초보자가 집에서 직접 과실주를 만들 때는 정확한 당도 측정이 힘들기 때문에 가능하면 제철 과일을 이용하는 것이 좋다.

휴의 과실주를 주문한 손님들이 가장 많이 찾는 안주 메뉴는 신선한 해물을 푸짐하게 넣은 해물 떡볶이와 데리야키 소스를 넣어 만든 데리야키 떡볶이. 산도가 높은 과일주일수록 안주를 든든히 챙겨 먹어야 다음날 속이 쓰리지 않을 뿐 아니라 독특한 떡볶이를 맛보는 재미도 쏠쏠하다. 떡볶이 한 입 먹고, 상큼한 생과일 소주를 한 잔 마시면 떡볶이의 매운맛이 중화되므로 그야말로 최고의 궁합.

문의 02-568-4912, 02-554-9221

index
과실주

138

fruit wine

참고자료

조호철 「우리 술 빚기」 넥서스 (2005)
배상면, 홍성천 「과실 및 약용식물을 이용한 가양주 만들기」 (주)배상면연구소 (2004)
조정형 「다시 찾아야 할 우리의 술」 서해문집 (1999)
원융희 「한의 술」 백산출판사 (1999)
원융희 「술술 풀어 쓴 지구촌 술 문화」 도서출판 홍경 (2000)